"十四五"职业教育国家规划教材

"十三五"职业教育国家规划教材

建筑装饰
表现技法

第2版

包茹／主编

马 平 周培元 张 翔／参编

U0240140

机械工业出版社

本书以建筑装饰专业的相关工作任务和职业能力分析为依据，以活动设计、任务引领、实践训练为主线进行编写。全书共分七个项目，由浅入深地介绍了建筑装饰室内外效果图的表现，主要以提高学生的绘制效果图技能为目的，让学生通过完成任务来构建相关理论知识，发展职业能力。本书通过系统的绘图技能训练，更好地表达装饰方案设计构思与意图，从而与"装饰方案设计"等相关专业课程相辅相成，为学生今后从事室内外装饰设计相关工作奠定良好的技能基础。

　　本书可作为职业院校建筑装饰专业教材，也可供相关专业技术人员和爱好者学习参考。

　　为方便教学，本书配有PPT电子课件，凡选用本书作为授课教材的教师均可登录www.cmpedu.com，以教师身份免费注册下载，也可以加入装饰设计交流QQ群492524835索取。如有疑问，请拨打编辑电话010-88379373。

图书在版编目（CIP）数据

建筑装饰表现技法/包茹主编.—2版.—北京:机械工业出版社,2019.9（2024.8重印）

ISBN 978-7-111-63837-7

Ⅰ.①建… Ⅱ.①包… Ⅲ.①建筑装饰—建筑画—绘画技法—高等职业教育—教材 Ⅳ.①TU204.11

中国版本图书馆CIP数据核字（2019）第213333号

机械工业出版社（北京市百万庄大街22号　邮政编码100037）
策划编辑：陈紫青　责任编辑：陈紫青
责任校对：陈　越　封面设计：马精明
责任印制：常天培
北京宝隆世纪印刷有限公司印刷
2024年8月第2版第8次印刷
184mm×260mm·11印张·214千字
标准书号：ISBN 978-7-111-63837-7
定价：55.00元

电话服务　　　　　　　网络服务
客服电话：010-88361066　机 工 官 网：www.cmpbook.com
　　　　　010-88379833　机 工 官 博：weibo.com/cmp1952
　　　　　010-68326294　金 书 网：www.golden-book.com
封底无防伪标均为盗版　机工教育服务网：www.cmpedu.com

关于"十四五"职业教育国家规划教材的出版说明

为贯彻落实《中共中央关于认真学习宣传贯彻党的二十大精神的决定》《习近平新时代中国特色社会主义思想进课程教材指南》《职业院校教材管理办法》等文件精神,机械工业出版社与教材编写团队一道,认真执行思政内容进教材、进课堂、进头脑要求,尊重教育规律,遵循学科特点,对教材内容进行了更新,着力落实以下要求:

1. 提升教材铸魂育人功能,培育、践行社会主义核心价值观,教育引导学生树立共产主义远大理想和中国特色社会主义共同理想,坚定"四个自信",厚植爱国主义情怀,把爱国情、强国志、报国行自觉融入建设社会主义现代化强国、实现中华民族伟大复兴的奋斗之中。同时,弘扬中华优秀传统文化,深入开展宪法法治教育。

2. 注重科学思维方法训练和科学伦理教育,培养学生探索未知、追求真理、勇攀科学高峰的责任感和使命感;强化学生工程伦理教育,培养学生精益求精的大国工匠精神,激发学生科技报国的家国情怀和使命担当。加快构建中国特色哲学社会科学学科体系、学术体系、话语体系。帮助学生了解相关专业和行业领域的国家战略、法律法规和相关政策,引导学生深入社会实践、关注现实问题,培育学生经世济民、诚信服务、德法兼修的职业素养。

3. 教育引导学生深刻理解并自觉实践各行业的职业精神、职业规范，增强职业责任感，培养遵纪守法、爱岗敬业、无私奉献、诚实守信、公道办事、开拓创新的职业品格和行为习惯。

在此基础上，及时更新教材知识内容，体现产业发展的新技术、新工艺、新规范、新标准。加强教材数字化建设，丰富配套资源，形成可听、可视、可练、可互动的融媒体教材。

教材建设需要各方的共同努力，也欢迎相关教材使用院校的师生及时反馈意见和建议，我们将认真组织力量进行研究，在后续重印及再版时吸纳改进，不断推动高质量教材出版。

机械工业出版社

第 2 版
前　言

本书以建筑装饰专业的相关工作任务和职业能力分析为依据，以活动设计、任务引领、实践训练为主线进行编写，在第 1 版的基础上对过时内容进行替换，并增加了建筑景观单色表现、计算机效果图表现等内容，"二维图的着色与表达""三维图的着色与表达"和"建筑风景写生表现"项目增加了【学生作品点评】模块，每个任务最后增加了【任务评价】模块。此外，2020 年 12 月本书被评为"十三五"职业教育国家规划教材，编者根据教育部要求对以下内容进行了动态调整、更新。

（1）以"1+X"室内设计职业技能等级证书为依托，注重课程与取证的融通。根据"1+X"室内设计职业技能等级证中效果图表现考试大纲的要求，合理调整教材内容，使学生更易取证，适应"双证融通"的教学要求。

（2）融入职业素养内容，注重技能与素养的融合。通过增加"素养目标"强化对学生职业素养的培养，适应当前职业教育"知行合一、德技并修"的教学目标。

（3）增加二维码视频资源，注重适用与实用的融合，体现了教育数字化，落实党的二十大精神。

本书的编写目的是希望在"建筑装饰表现"课程的教学过程中能立足于加强学生实践操作能力的培养，采用任务引领型项目教学，提高学生的学习兴趣。本书以学生为本，注重"教"与"学"的互动。教师在教学中要重视示范，在现场教学中边示范边操作；学生在操作中应及时提问，提高主动性和积极性，培养学习兴趣。

本书由上海市建筑工程学校包茹担任主编，上海市建筑工程学校马平、上海城建职业技术学院周培元和上海外国语大学贤达经济人文学院张翔参与了编写。

书中的大部分插图是编者依据一个实际项目中的平面图和立面图绘制成的效果图。【学生作品点评】里的图片为编者在这几年教学过程中学生的优秀作品，在此特向提供作品的学生表示由衷的感谢。

由于作者水平有限，本书难免存在些片面性和不完整性，其中大部分图都是徒手绘制，可能也存在一些不严谨之处，欢迎读者朋友批评指正。

"建筑装饰表现"课时分配建议

序　号	内　容	理论教学	实践教学	小　计
1	建筑装饰表现技法认知	2	4	6
2	室内透视图绘制	5	10	15
3	室内陈设、建筑与景观单色表现	6	2	8
4	二维图的着色与表达	2	4	6
5	三维图的着色与表达	5	15	20
6	建筑风景写生	2	8	10
7	计算机效果图表现	3	9	12
合　计		25	52	87

编　者

第1版
前　言

　　随着职业技术院校课程改革的深化，加强学生实践操作能力的培养已经成为教学改革的重要内容之一。本书采用"项目教学法"的模式，围绕建筑装饰方案表现的工作过程来编写。

　　本书的编写目的是希望在建筑装饰表现课程的教学过程中能立足于加强学生实践操作能力的培养，采用任务引领型项目教学，提高学生的学习兴趣。本书以学生为本，注重"教"与"学"的互动。教师在教学中要重视示范，在现场教学中边示范边操作；学生在操作中应能及时提问，以充分调动学生对本课程的学习兴趣，增强学生学习的主动性和积极性。

　　编者多年从事建筑装饰表现和建筑装饰方案设计课程的教学，深刻体会到手绘表现图对于学生学习建筑装饰方案设计课的重要性。本书基于编者多年教学所积累的知识、体会，按照工作过程模式编写而成。

　　书中的插图大部分是由编者依据一套完整的住宅装饰设计方案中的平面图和立面图绘制成的一套住宅中各个不同空间的效果图，有一小部分图片取用了编者所任教班级优秀学生的作业，在此特向这些学生表示由衷的感谢。另外，在本书编写过程中，得到了王萧、王艺、杨锴等同志的支持与帮助,在此一并表示诚挚的感谢。

由于作者水平有限,本书难免存在些片面性和不完整性,其中大部分图都为徒手绘制,存在一些不严谨之处,敬请谅解。

"建筑装饰表现"课时分配建议

序 号	内 容	理论教学	实践教学	小 计
1	建筑装饰表现技法认知	2	6	8
2	室内透视图绘制	4	8	12
3	室内空间与陈设单色手绘表现	5	15	20
4	二维图的着色与表达	2	6	8
5	三维图的着色与表达	4	12	16
6	综合表现	4	16	20
7	室内装饰设计方案图赏析	2	16	18
合 计		23	79	102

编 者

二维码清单

序号	名　　称	图形	序号	名　　称	图形
1	项目一任务一　室内空间形态临摹		5	项目五任务一　客厅效果图的着色与表达	
2	项目二任务二　卧室一点透视的绘制		6	项目七任务一　卧室效果绘制1——建筑结构建模	
3	项目二任务五　餐厅两点透视的绘制		7	项目七任务一　卧室效果图绘制2——添加家具及场景	
4	项目三任务一　家具的单色表现		8	项目七任务二　客厅效果图表现1	

（续）

序号	名　　称	图形	序号	名　　称	图形
9	项目七任务二　客厅效果图表现2		11	项目七任务三　书房效果图	
10	项目七任务二　客厅效果图表现3				

目 录

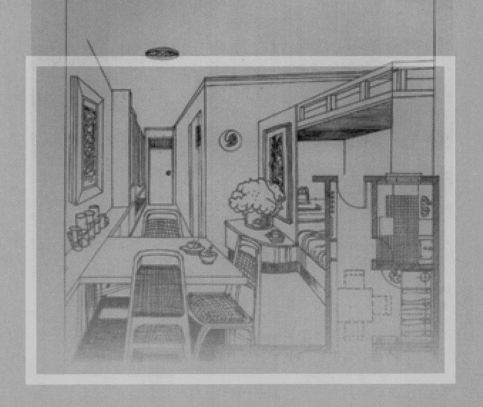

项目一
建筑装饰表现技法认知

【项目概述】

认识建筑室内外空间形态是建筑装饰表现技法学习的一种基本类型。对于初学者，可以先学会临摹一些内容简单的示范画本，或者是一些家装室内的照片、图片、书籍及速写作品，然后增加一点难度，比如扩展表现形式，采用电脑制作等。本项目通过室内空间形态临摹和基本线条的表现两个任务，使学生学会使用绘图笔绘制线条，临摹表达建筑室内外空间。

【素养目标】

通过介绍建筑绘画的种类，向学生展示中国传统绘画中的建筑表现的艺术特点及艺术表现方法、绘图工具使用方法，再到基本线条训练，从而帮助学生找到专业自信，树立正确的价值观与职业理想。

任务一
室内空间形态临摹

室内空间
形态临摹

【任务描述】

为了提高手工绘图的基本能力和加强对室内空间的直观认识，本任务要求对一张简单的室内空间图进行临摹。

【学习目标】

1）能用较好的审美眼光挑选优秀图片进行临摹。

2）能有基本的绘图能力，如练习一些基础的素描。

3）能挑选正确的绘制工具。

4）能徒手临摹图片或借助绘图尺规进行临摹。

【任务实施】

一、绘图前准备

1）挑选一张简单的室内空间图，最好有配套的平面布置图，这样对图纸中的空间形态更容易理解。

2）准备一张表面光洁的4K白色绘图纸，可以是复印纸或薄型卡纸。

3）选择正确的绘图铅笔和针管笔（或钢笔）。

二、绘图步骤

1）根据要临摹的图形，先在白纸上基本定位，如图1-1所示。

2）画出平面图中墙体及门窗的基本轮廓，如图1-2所示。

3）画出平面图中家具的布置，如图1-3所示。

4）画出平面图中铺地及室内小配景，如图1-4所示。

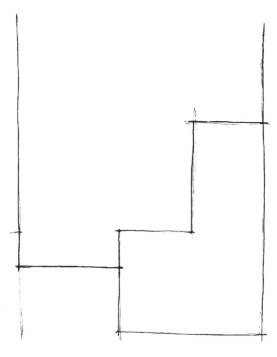

图 1-1　基本定位

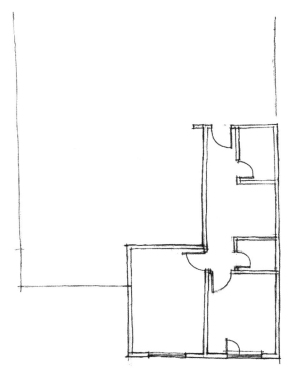

图 1-2　画出墙体及门窗的基本轮廓

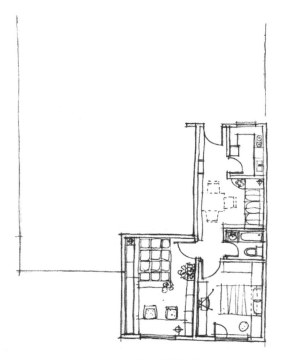

图 1-3　画出家具的布置

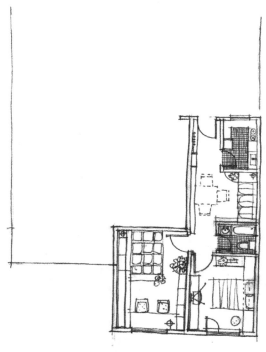

图 1-4　画出铺地及室内小配景

5）确定室内远处入口门洞的位置，如图 1-5 所示。

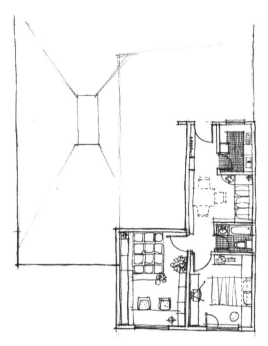

图 1-5　确定室内远处入口门洞位置

6）根据门洞在图中的位置确定相邻墙面，如图 1-6 所示。

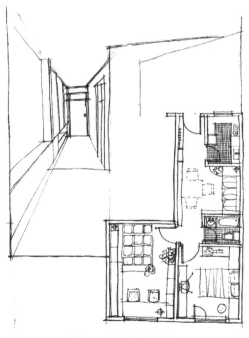

图 1-6　确定相邻墙面

7）根据图纸，画出室内主要家具及配景，如图 1-7 所示。

图 1-7　画出室内主要家具及配景

8）用针管笔或钢笔给图纸上墨线，如图 1-8 所示。

图 1-8　给图纸上墨线

小贴士 以上图是在没有借助尺规等工具的情况下徒手完成的。若借助尺规进行绘制，则绘制的图面又是另外一种效果，如图 1-9 所示，绘图步骤同上。大家可以根据自己的绘图习惯选择任意一种绘图方式。

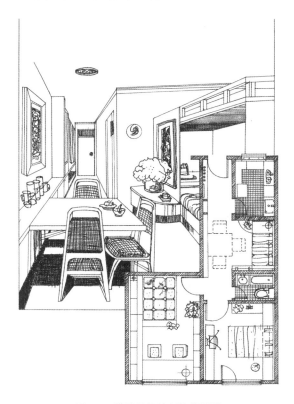

图 1-9 借助尺规绘制的效果图

【知识链接】

一、建筑装饰表现画的概念

建筑装饰表现画又称透视图、渲染图或效果图。它是直接为建筑室内外设计服务的，是建筑师和室内设计师根据建筑单位提出的设计要求，在绘制平面图、立面图和剖面图后，所绘制的预想效果图。

二、建筑装饰表现画的发展

20 世纪 80 年代中期，我国建筑装饰设计行业处于发展的初级阶段，效果图的表现手段以传统的手绘技法为主（如水粉、水彩），相对较为写实。时隔三四十年，我国建筑装饰设计行业有了较快的发展，效果图的表现形式已形成一个轮回，但是它在意义、作用和价值上却有了较大的不同。现在的手绘表现图适用空间更大，表现方法也更为灵活。设计师用得更多的是快速表现，这里着重介绍手绘表现图的快速表现技法。

三、材料与工具

1. 绘图笔

（1）石墨铅笔　H 代表硬度，H 前的数字越大，代表笔的硬度越大；B 代表软度，B 前的数字越大，代表笔的软度越大。绘图常用 2B 铅笔；自动铅笔用于绘制正图而非草图，常用型号为 0.5mm。

（2）针管笔　常用型号为 0.05 ~ 0.40mm，常用于绘制徒手图和工程图。

（3）其他笔　美工钢笔用于速写；彩色铅笔（以下简称彩铅）和马克笔用于绘制快速表现图；水粉笔和水彩笔主要用于绘制彩色图和渲染图。

2. 清理图画及擦图工具

清理图画及擦图工具包括擦图片、绘图刷和软橡皮等。

3. 尺和规

尺和规包括三角板、丁字尺或一字尺、曲线板或蛇形尺、量角器（圆形或半圆形）、分规和圆规。

4. 上色颜料

上色颜料主要有水粉、水彩和透明水色等。

5. 描图纸和绘图纸

（1）绘制草图使用复印纸、白色拷贝纸或硫酸纸等。

（2）绘制正图使用不同厚度的白色或彩色绘图纸板，吸水性能良好的水粉纸或水彩纸。

【自主实践活动】

通过完成本任务，可以掌握简单室内空间的绘制方法，并了解建筑装饰表现画的基本知识。感兴趣的同学可以在课后收集一些优秀的室内空间照片进行临摹练习，从而进一步加强自身的基本绘图能力和空间概念。

【任务评价】

根据各小组的任务实施与完成情况，分别由学生、小组其他成员和指导教师填写自评、小组互评和教师评价，进行多维度的教学活动评定。

自评、小组互评、教师评价记录表

项目：建筑装饰表现技法认知		任务：室内空间形态临摹		专业及班级：	
自　评：绘制完整性	很好□	较好□	一般□	还需努力□	
相似度	很高□	较高□	一般□	还需努力□	
线条优美	很好□	较好□	一般□	还需努力□	
态度评价：	很努力□	较努力□	一般□	还需努力□	
小组互评：整体效果	优□	良□	中□	差□	
教师评价：绘图质量	优□	良□	中□	差□	

任务二
基本线条的表现

【任务描述】

　　想用铅笔或钢笔来表达一幅效果较好的室内空间图，除了要有较强的空间认知感外，还应具备一些硬笔画基本线条的表达能力。本任务是对硬笔画的基础技法作一些了解，做到能模仿不同线条进行线条表达练习。

【学习目标】

　　1）能掌握硬笔画线条组织的基本画法。
　　2）能有基本的绘图能力，如练习一些基础的素描。
　　3）能选择正确的绘制工具。
　　4）能徒手画一些钢笔的基本线条。

【任务实施】

一、绘图前准备

　　1）挑选一张合适的纸张，可以是A4复印纸或一般绘图纸。

2）准备好绘图铅笔和针管笔（或钢笔）。

二、绘图方法

1）硬笔画的工具与线条如图 1-10 所示。

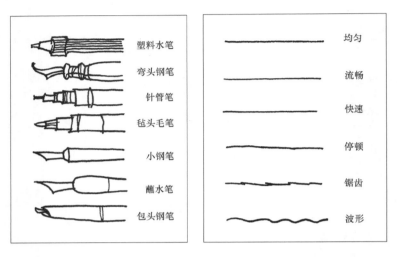

图 1-10　硬笔画的工具与线条

2）线条技法要领如图 1-11 所示。

正确运笔法	错误运笔法
运笔放松，一次一条线	错误原因：往返描绘
线条过长，可分段画	错误原因：线条搭接，易出黑斑
局部弯曲，大方向较直	错误原因：大方向倾斜

图 1-11　线条技法要领

3）线条排列与重叠如图 1-12 所示。

4）装饰材质平面图例如图 1-13 所示。

5）钢笔画植物配景平面图例如图 1-14 所示。

10

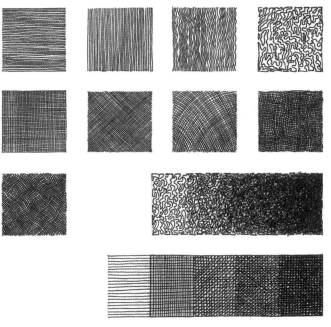

图 1-12　线条排列与重叠

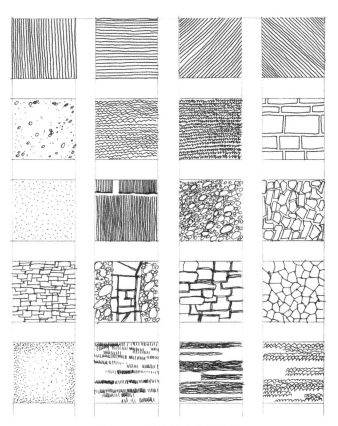

图 1-13　装饰材质平面图例

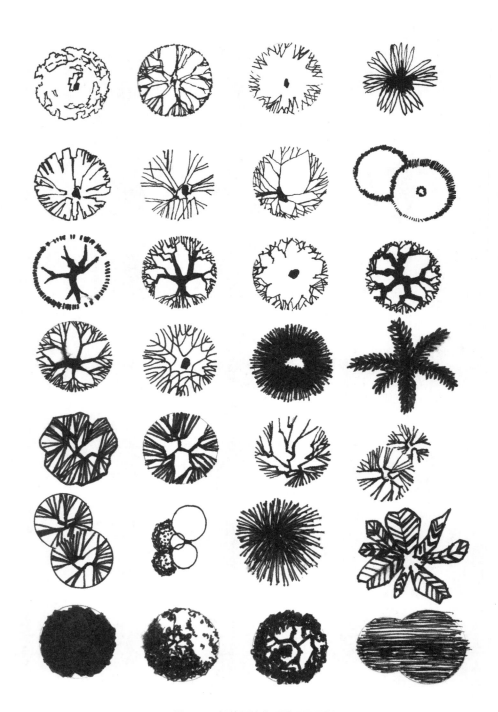

图 1-14 钢笔画植物配景平面图例

【知识链接】

一、基础训练的必要性

设计师区别于其他职业的主要特征就是需要用笔徒手作画，而设计最快捷的表达方法就是勾画草图，通过草图这一简洁的语言向甲方或客户说明自己的设计创意和构思。徒手绘制草图前应掌握硬笔画线条组织的基本规律。

二、表现要领

钢笔画是以线条的不同绘画方式来表现对象的造型、层次以及环境气氛，并组成画面的全部的。

钢笔画通常以线条作为主要的造型手段，依靠线描、排列、叠加、组合产生不同的表现效果。线条在叠加时呈现出方向、曲直、长短、粗细、疏密的变化，经排列组合后，在画面上出现强烈的黑白对比及不同质感，产生黑、白、灰三种色调。

另外，笔的选用也很重要。常用的笔有美工笔、针管笔、中性笔、签字笔和细头马克笔等。这里推荐油性细头马克笔和一次性针管笔，它们粗细不同、出水流畅、黏着力极强，在光滑的纸上不会被水溶解开，也不会因手擦拭而把画弄脏。

【自主实践活动】

通过完成本任务，可以掌握硬笔画线条组织的基本规律，并了解硬笔画的基本知识。感兴趣的同学可以课后找一些室内装饰建材的图例进行线条及材质的描绘练习，从而为后面的效果图绘制作好进一步的准备。

【任务评价】

根据各小组的任务实施与完成情况，分别由学生、小组其他成员和指导教师填写自评、小组互评和教师评价，进行多维度的教学活动评定。

自评、小组互评、教师评价记录表

项目：建筑装饰表现技法认知		任务：基本线条的表现			专业及班级：
自　　评：绘制完整性	很好□	较好□	一般□	还需努力□	
相似度	很高□	较高□	一般□	还需努力□	
线条优美	很好□	较好□	一般□	还需努力□	
态度评价：	很努力□	较努力□	一般□	还需努力□	
小组互评：整体效果	优□	良□	中□	差□	
教师评价：绘图质量	优□	良□	中□	差□	

项目二
室内透视图绘制

【项目概述】

　　室内透视图除了表现室内的使用功能、外形特征和美学信息外，更需要有精确的尺度观念。设计图一般先完成平面图和立面图，然后据此提供的数据完成室内透视图。在学习室内透视图绘制的时候，需要理解透视图形的发生原理和变化规律，培养对空间的感悟能力，并结合一些专业书籍多看、多想、多品，多临摹一些优秀范本。学习初期，可依据辅助线进行绘制，随后逐步减少对辅助线的依赖，最终独立完成透视图的绘制。

【素养目标】

　　通过介绍建筑绘画中透视的种类及表现要点，引导学生认真遵守制图标准和规范，养成良好的规范意识，并传承传统工匠的不怕吃苦、反复练习的精神。

任务一
一点透视基础练习

【任务描述】

熟悉一点透视的规律，通过练习了解方盒子的透视，并且能将方盒子转成一个个单体沙发，适当加入明暗调子，为下个阶段的练习打下坚实的基础。

【学习目标】

1）能有基本的绘图能力，如绘制一些基础几何体。

2）能选择正确的绘制工具。

3）能徒手画一些钢笔画。

【任务实施】

一、绘图前准备

1）挑选一张合适的纸张，可以是 A3 复印纸或一般速写本用纸。

2）准备好绘图笔和针管笔（或钢笔）。

二、绘图步骤

1. 立方体一点透视的绘制

立方体是一切复杂形体组合的基础。立方体一点透视的绘制步骤如下。

1）根据一点透视的规律，在画面中心确定一个消失点（也称灭点），如图 2-1 所示。

图 2-1　确定消失点

2）绘制辅助线，帮助理解一点透视的规律，如图 2-2 所示。

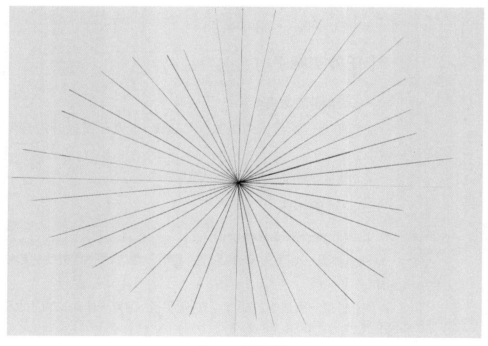

图 2-2　绘制辅助线

3）用铅笔线绘制完成空间中不同位置的立方体，如图 2-3 所示。

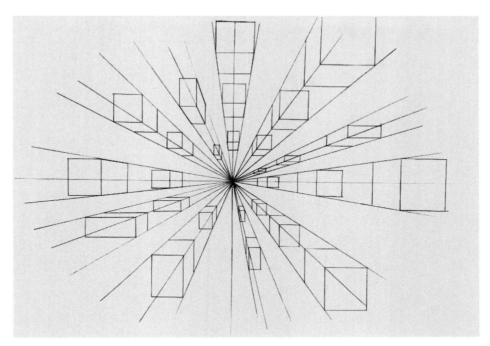

图 2-3　绘制不同位置的立方体

4）用水笔绘制立方体，深入理解一点透视的规律，如图 2-4 所示。

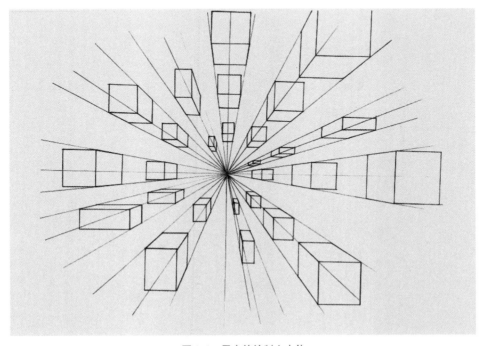

图 2-4　用水笔绘制立方体

2. 单体沙发一点透视的绘制

在绘制完成空间中立方体的基础上，将其转化成一个个单体沙发。

1）用铅笔将立方体转化成单体沙发，如图 2-5 所示。

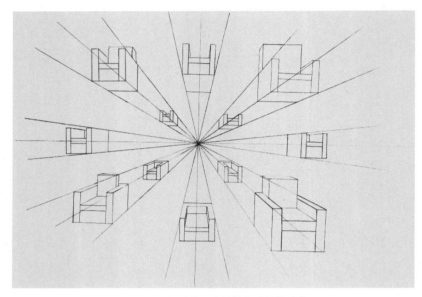

图 2-5　用铅笔将立方体转化成单体沙发

2）用钢笔适当加入线条组织表达明暗，使形体看上去结实、完整，有厚重感，如图 2-6 所示。

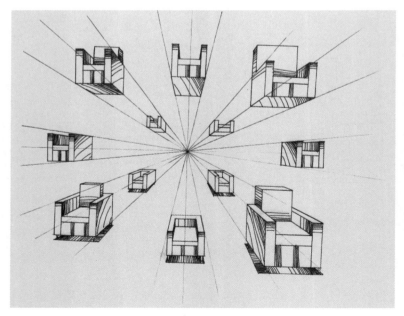

图 2-6　用钢笔加入线条组织表达明暗

【知识链接】

一、透视和透视图

透视指在平面或曲面上描绘物体的空间关系的方法和技术。反映画者在有限距离内所见景物的图形就是透视图。

二、一点透视

一点透视又称为平行透视，在透视的结构中只有一个消失点，而没有延伸的线条相互平行。

1.一点透视的基本特征

1）近大远小，近高远低。

2）画面只有一个消失点，有较强的纵深感。

3）画面中第一组线汇聚于消失点，第二组线平行于画面，第三组线垂直于画面。

2.一点透视的绘制要点

1）熟悉一点透视的基本规律。开始练习的时候还没有很强的透视消失感，应借助辅助线找对消失点。

2）可以脱离辅助线画方块，但是要做到心中有点（即消失点）。可以经常用手来回比划，确定了以后就可以落笔。

3）简单概括形体，省略里面的框架，以少胜多。

【自主实践活动】

通过完成本任务，可以掌握一点透视的表现要点，课后可到校园环境中寻找一点透视角度的建筑或单体家具进行写生练习，从而进一步提高对一点透视的认知能力。

【任务评价】

根据各小组的任务实施与完成情况，分别由学生、小组其他成员和指导教师填写自评、小组互评和教师评价，进行多维度的教学活动评定。

自评、小组互评、教师评价记录表

项目：室内透视图绘制　　　　任务：一点透视基础练习　　　　专业及班级：＿＿＿＿＿

自　　评：绘制完整性	很好□	较好□	一般□	还需努力□
相似度	很高□	较高□	一般□	还需努力□
线条优美	很好□	较好□	一般□	还需努力□
态度评价：	很努力□	较努力□	一般□	还需努力□
小组互评：整体效果	优□	良□	中□	差□
教师评价：绘图质量	优□	良□	中□	差□

任务二
卧室一点透视的绘制

卧室一点
透视的绘制

【任务描述】

依据设计平面图，利用尺规和基本辅助线进行室内场景的一点透视绘制。

【学习目标】

1）具有一定的空间感悟能力，能够有效依据室内平面图选择透视图的绘制视角。

2）具有一定的逻辑思维能力，能够将二维平面图像转换成三维立体空间图像。

3）具有一定的尺规操作能力，能够正确按照步骤绘制透视图。

【任务实施】

一、绘制前准备

1）了解一点透视的适用场合：一点透视多用于表现规整空间的完整场景。

2）挑选一个带有平面图的规整卧室空间。

3）准备 A4 复印纸、绘图铅笔、针管笔（或钢笔）、三角板、丁字尺或一字尺、曲线板或蛇形尺、量角器（圆形或半圆形）、分规和圆规。

二、绘制步骤

1）选择一套完整的住宅室内方案图，按照平面布置图进行准备，如图 2-7 所示。

2）根据平面图选择主卧室的布置，按一定比例在白纸上确定视平线和一个消失点，并进行基本定位，如图 2-8 所示。

3）按照图纸比例，画出图中家具及门窗的基本轮廓，如图 2-9 所示。

4）进一步完善图中家具及门窗的具体形，如图 2-10 所示。

5）用线条表达图中家具及门窗的结构和明暗关系，如图 2-11 所示。

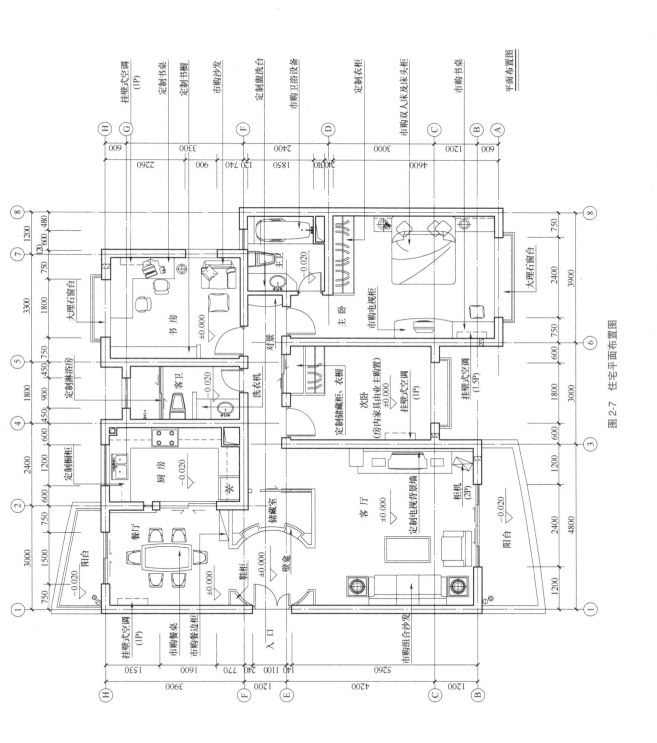

图 2-7 住宅平面布置图

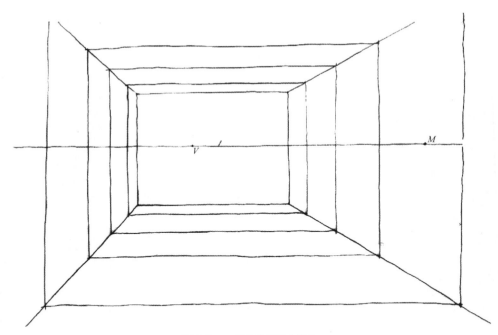

图2-8 一点透视的基本定位

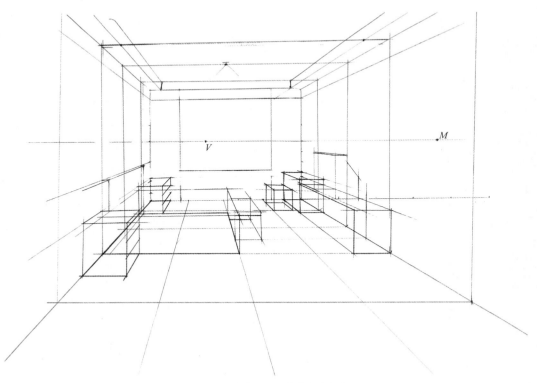

图2-9 画出家具及门窗的基本轮廓

图 2-10　完善家具及门窗的具体形

图 2-11　用线条表达家具及门窗的结构和明暗关系

【知识链接】

透视角度的选择

在一点透视中，关键是要选择好视点的位置与视平线的高度。如果没有特殊要求，不要把视点放得过高，一般宜为正常人高度的视平线位置，如图 2-12 所示。

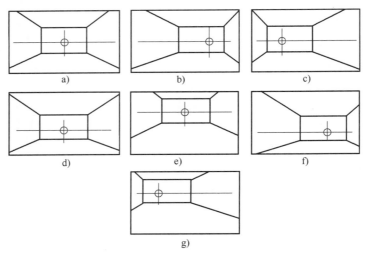

图 2-12　视点选择图

a）视点居中，左右能够均等表现　b）视点偏右，重点表现左墙　c）视点偏左，重点表现右墙　d）视平线偏低，重点表现天花　e）视平线偏高，重点表现地面　f）视平线偏低，视点偏右，重点表现天花和左墙面　g）视平线偏高，视点偏左，重点表现地面和右墙面

【自主实践活动】

通过完成本任务，可以基本掌握透视图的绘制流程。课后可以选择一个方形物体（如粉笔盒、电视机），利用辅助线进行一点透视图的绘制，同时多搜集一些透视图的优秀范本，对其进行分析和理解。

【任务评价】

根据各小组的任务实施与完成情况，分别由学生、小组其他成员和指导教师填写自评、小组互评和教师评价，进行多维度的教学活动评定。

自评、小组互评、教师评价记录表

项目：室内透视图绘制　　　　　　任务：卧室一点透视的绘制　　　　　　专业及班级：_____

自　　评：绘制完整性	很好□	较好□	一般□	还需努力□
相似度	很高□	较高□	一般□	还需努力□
线条优美	很好□	较好□	一般□	还需努力□
态度评价：	很努力□	较努力□	一般□	还需努力□
小组互评：整体效果	优□	良□	中□	差□
教师评价：绘图质量	优□	良□	中□	差□

任务三
客厅一点斜透视的绘制

【任务描述】

紧密联系项目一的学习内容，结合徒手绘图正确选择尺规工具来表现透视图。熟练网格辅助线的用法和透视缩尺法，学会用一点斜透视原理绘制室内场景。

【学习目标】

1）具有良好的自学能力，能够通过自主临摹优秀范本掌握绘制方法。

2）具有良好的手绘表现能力，能够熟练、完整地绘制室内透视图。

3）具有一定的审美创造能力，能够体现和强调设计的基本意向。

【任务实施】

一、绘制前准备

1）理解一点斜透视的适用场合：一点斜透视多用于表现规整空间的完整场景。

2）挑选一个带有平面图的规整客厅空间。

3）准备 A4 复印纸、绘图铅笔、针管笔（或钢笔）、三角板、丁字尺或一字尺、曲线板或蛇形尺、量角器（圆形或半圆形）、分规和圆规。

二、绘制步骤

1）根据平面图中客厅的布置，按一定比例在白纸上确定视平线和一个消失点，并进行基本定位，如图 2-13 所示。

2）借助辅助线画出图中家具及门窗的基本轮廓，如图 2-14 所示。

3）进一步完善图中家具及门窗的基本形，如图 2-15 所示。

4）用线条表达图中家具及门窗的具体形，如图 2-16 所示。

5）完善图中的配景绘制，如图 2-17 所示。

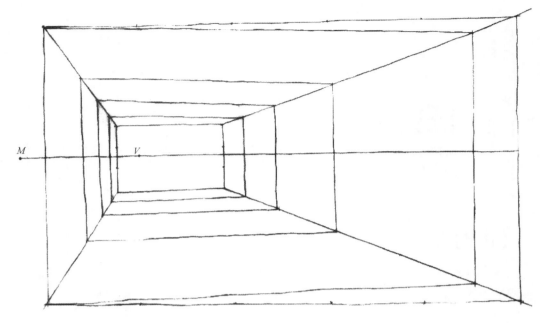

图 2-13 一点斜透视的基本定位

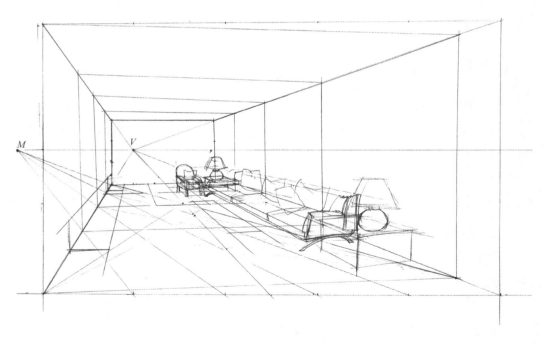

图 2-14 画出家具及门窗的基本轮廓

图 2-15　完善家具及门窗的基本形

图 2-16　用线条表达家具及门窗的具体形

图 2-17　完善配景绘制

【知识链接】

一、一点斜透视的概念及特点

一点斜透视也称平角透视。它是介于一点透视和两点透视之间的一种透视方法。它的特点是后墙面与画面稍成角度，消失现象比较平缓，由两侧墙面构成一点透视之感，但画面所成之角是两点透视。它的优点是打破了一点透视的呆板，又避免了两点透视表现场景不全的弊端。缺点是在感觉上稍不稳定，并伴有变形。

二、一点斜透视图的绘制要点

画一点斜透视图时，一定要注意空间中的家具摆设应与透视走向相吻合。由于这种透视图表现趋于自然，表现的空间也比较深，所以它在设计中经常被应用。

【自主实践活动】

通过完成本任务，可以更好地理解和思考不同透视方法对于室内场景表现的针对性，能够有选择地使用尺规和辅助线。课后可以多进行徒手绘制练习，并绘制两张幅面为 12cm×9cm 的透视图（相同场景的一点透视和一点斜透视的对比图），里面包含上斜或下斜的台阶或者坡路。

【任务评价】

根据各小组的任务实施与完成情况，分别由学生、小组其他成员和指导教师填写自评、小组互评和教师评价，进行多维度的教学活动评定。

自评、小组互评、教师评价记录表

项目：室内透视图绘制　　　　　　　任务：客厅一点斜透视的绘制　　　　　　　专业及班级：＿＿＿＿＿

自　　评：绘制完整性	很好□	较好□	一般□	还需努力□
相似度	很高□	较高□	一般□	还需努力□
线条优美	很好□	较好□	一般□	还需努力□
态度评价：	很努力□	较努力□	一般□	还需努力□
小组互评：整体效果	优□	良□	中□	差□
教师评价：绘图质量	优□	良□	中□	差□

任务四
两点透视基础练习

【任务描述】

熟悉两点透视的规律，通过练习了解方盒子的两点透视，并且能将方盒子转成一个个单体沙发，适当加入明暗调子，为下个阶段练习打下坚实的基础。

【学习目标】

1）能有基本的绘图能力，如绘制一些基础几何体。

2）能选择正确的绘制工具。

3）能徒手画一些钢笔画。

【任务实施】

一、绘图前准备

1）挑选一张合适的纸张，可以是 A3 复印纸或一般速写本用纸。

2）准备好绘图笔和针管笔（或钢笔）。

二、绘图步骤

1. 立方体两点透视的绘制

1）根据两点透视的规律，在画面两侧确定两个消失点，如图2-18所示。

2）绘制辅助线，帮助理解两点透视的规律，如图2-19所示。

图2-18　确定两个消失点

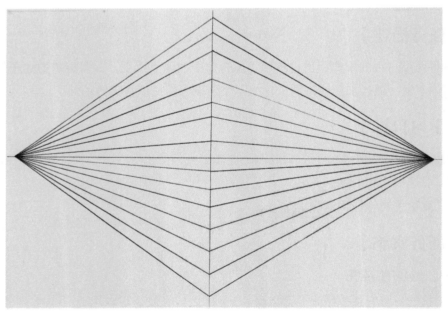

图2-19　绘制辅助线

3）用铅笔绘制完成空间中不同位置的立方体，如图 2-20 所示。

4）用水笔绘制立方体，深入理解两点透视的规律，如图 2-21 所示。

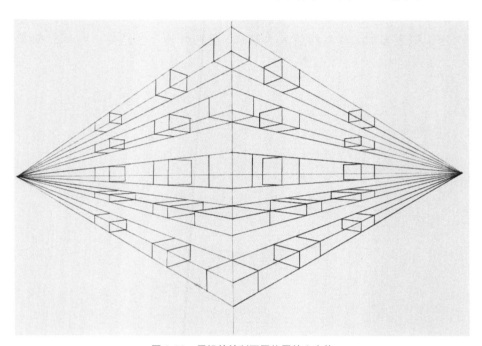

图 2-20 用铅笔绘制不同位置的立方体

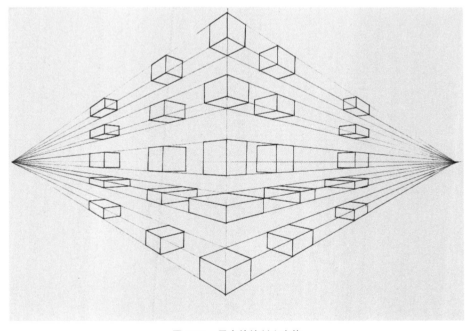

图 2-21 用水笔绘制立方体

2. 单体沙发两点透视的绘制

1）在完成立方体两点透视绘制的基础上，用铅笔将立方体转化成单体沙发，如图 2-22 所示。

2）用钢笔适当加入线条组织表达明暗，使形体看上去结实、整体，有厚重感，如图 2-23 所示。

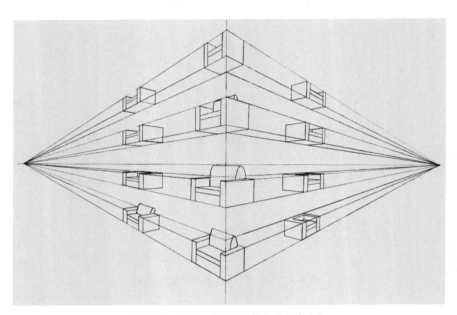

图 2-22　用铅笔将立方体转化成单体沙发

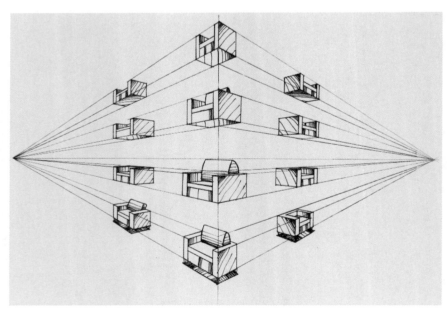

图 2-23　用钢笔加入线条组织表达明暗

【知识链接】

两点透视

一个画面中有两个中心点，而且这两个中心点都在视平线上，这样形成的透视被称为两点透视。

1. 两点透视的基本特征

1）近大远小，近高远低。

2）画面中有两个消失点，形式感强，表现比较生动。

3）画面中第一组线汇聚于画面左边的消失点，第二组线汇聚于画面右边的消失点，第三组线垂直于画面。

2. 两点透视的绘制要点

1）熟悉两点透视的基本规律。开始练习的时候应借助辅助线找两边的消失点。

2）可以脱离辅助线画方块，但是要做到心中有点（即消失点）。可以经常用手来回比划，确定了以后就可以落笔。

3）两点透视的效果比较自由、活泼，给人造成的空间感也接近于人对真实空间的感觉，但透视角度不好选择，容易产生变形。

【自主实践活动】

通过完成本任务，可以掌握两点透视的表现要点，课后可以到校园环境中寻找两点透视角度的建筑或单体家具进行写生练习，从而进一步提高对两点透视的认知能力。

【任务评价】

根据各小组的任务实施与完成情况，分别由学生、小组其他成员和指导教师填写自评、小组互评和教师评价，进行多维度的教学活动评定。

自评、小组互评、教师评价记录表

项目：室内透视图绘制		任务：两点透视基础练习		专业及班级：_____
自 评：绘制完整性	很好□	较好□	一般□	还需努力□
相似度	很高□	较高□	一般□	还需努力□
线条优美	很好□	较好□	一般□	还需努力□
态度评价：	很努力□	较努力□	一般□	还需努力□
小组互评：整体效果	优□	良□	中□	差□
教师评价：绘图质量	优□	良□	中□	差□

任务五
餐厅两点透视的绘制

餐厅两点
透视的绘制

【任务描述】

能够温故而知新，进行举一反三的学习。掌握测点法辅助线的画法，理解近视距和远视距的构图特征。学会用两点透视绘制室内场景。

【学习目标】

1）具有良好的总结学习能力，能够通过练习总结室内透视图的完整表现方法。

2）具有良好的创造表现能力，能够熟练、完整地绘制整套室内设计透视图。

3）具有一定的审美能力，能够体现和强调设计的基本意向。

【任务实施】

一、绘制前准备

1）了解两点透视的适用场合：两点透视多用于表现某个室内空间的一角。

2）挑选一个带有平面图的餐厅空间。

3）准备 A4 复印纸、绘图铅笔、针管笔（或钢笔）、三角板、丁字尺或一字尺、曲线板或蛇形尺、量角器（圆形或半圆形）、分规和圆规。

二、绘制步骤

1）根据平面图中餐厅的布置，按一定比例在白纸上确定视平线，并在视平线上定两个消失点，并进行基本定位，如图 2-24 所示。

2）根据辅助线，确定图中家具及门窗的基本位置和轮廓，如图 2-25 所示。

3）进一步画出图中家具及门窗的具体轮廓，如图 2-26 所示。

4）用线条画出整体明暗关系，如图 2-27 所示。

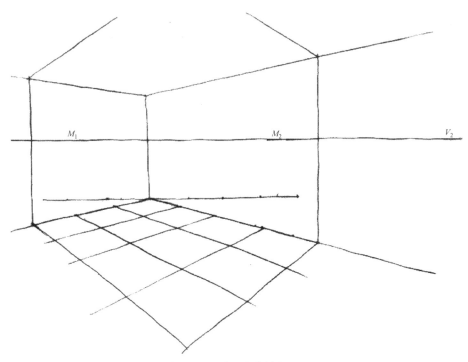

图 2-24　两点透视的基本定位

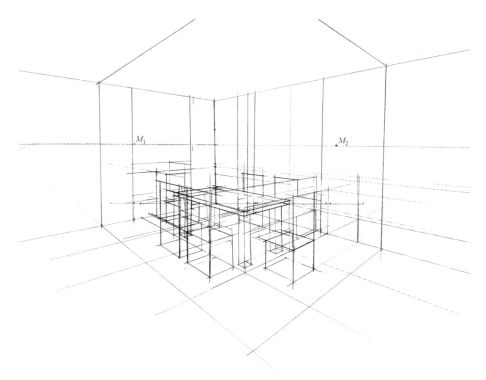

图 2-25　确定家具及门窗的基本位置和轮廓

图 2-26　画出家具及门窗的具体轮廓

图 2-27　用线条画出整体明暗关系

【知识链接】

一、两点透视的概念

两点透视也称成角透视，当立方体的两个侧立面与画面成一定夹角，且水平面与基面平行时，所产生的透视即称为两点透视。它的画面效果比较自由、活泼，反映空间比较接近于人的真实感觉。缺点是若角度选择不好则易产生变形。

二、两点透视的特征

1）在画面里有两个消失点，消失在同一视平线上。

2）垂直线永远垂直。

3）所成角度的和为90°，即 $\alpha + \beta = 90°$，如图2-28所示。

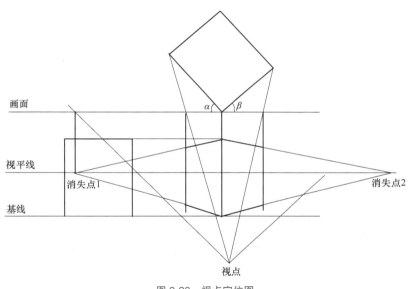

图2-28　视点定位图

三、两点透视的绘制要点

两点透视的两个消失点同时存在于同一画面，所以绘制难度比一点透视要高。但只要把握好成角的度数（一般以150°为宜），并把空间内的陈列品按比例大小用几个点确定好，再用铅笔线细细勾画，还是很容易掌握的。在画家具来表现某个室内空间一角时，常用此类透视。

【自主实践活动】

通过完成本任务，可以更好地理解和思考两点透视对于室内场景表现的针对性，能够有选择地使用尺规和辅助线。课后可以多进行徒手绘制练习，并绘制几张室内空间家具及室内空间一角的两点透视图。

【任务评价】

根据各小组的任务实施与完成情况，分别由学生、小组其他成员和指导教师填写自评、小组互评和教师评价，进行多维度的教学活动评定。

自评、小组互评、教师评价记录表

项目：室内透视图绘制　　　　　　　任务：餐厅两点透视的绘制　　　　　专业及班级：_____

自　评：绘制完整性	很好□	较好□	一般□	还需努力□
相似度	很高□	较高□	一般□	还需努力□
线条优美	很好□	较好□	一般□	还需努力□
态度评价：	很努力□	较努力□	一般□	还需努力□
小组互评：整体效果	优□	良□	中□	差□
教师评价：绘图质量	优□	良□	中□	差□

项目三
室内陈设、建筑与
景观单色表现

【项目概述】

　　为了进一步加强对前两个项目中有关单色线描和透视比例关系的认识，本项目着重学习室内陈设与建筑景观、小品单色线描表现。

【素养目标】

　　在基础训练学习过程中，引导学生规范做图的意识，严格遵守操作规范和服务规范，养成良好的规范意识，并形成相应的行为习惯。

任务一
家具的单色表现

家具的
单色表现

【任务描述】

家具是室内效果图中的主要表现部分。在这里先对单体和成组的家具进行单色练习。

【学习目标】

1）能有基本的绘制透视图基础，能把握一般的透视比例关系。

2）能有较好的徒手绘图能力，如进行一些单色线描练习。

3）能选择正确的绘制工具。

4）能徒手临摹图片或借助绘图尺规进行临摹。

【任务实施】

一、绘图前准备

1）挑选一些沙发、茶几、床等常见家具的图片，最好是带有尺寸的，这样对绘制家具的比例关系更容易把握。

2）准备几张A4绘图纸，可以是光洁的4K复印纸，也可以是白色绘图纸或薄型卡纸。

3）选择正确的绘图工具：绘图铅笔（2B）、钢笔或针管笔。

二、绘图方法

1）单体沙发、椅子的绘制，要注意不同角度的表达，如图3-1所示。

2）单体床的绘制，要注意用线的轻重缓急来表现其虚实变化，如图3-2所示。

3）组合家具的绘制，要注意家具之间的透视关系，如图3-3所示。

图 3-1 单体沙发、椅子线描图

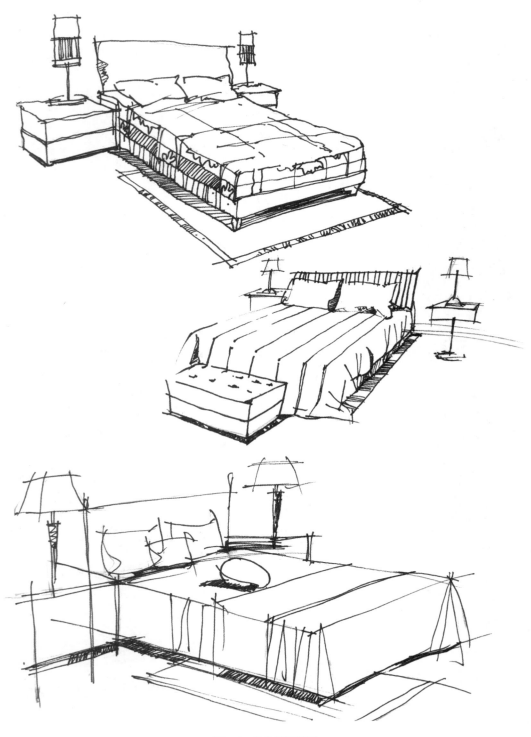

图 3-2 单体床线描图

图 3-3 组合家具线描图

以上图是在没有借助尺规工具的情况下徒手完成的。绘制沙发、床等柔软材质、以曲线为主的家具时以徒手表现为佳；桌子、柜子等以直线为主的家具可以借助尺规完成。大家可以根据自己的绘图习惯选择任意一种绘图方式。

【知识链接】

室内陈设分类

室内陈设概括起来可分为两大类，即功能性（也称实用性）陈设和装饰性（也称观赏性）陈设。

功能性陈设是指具有一定实用价值且又有一定的观赏性或装饰作用的陈设品，如家用电器、灯具等。它们既是人们日常生活的必需品，具有极强的实用性，又能起到美化空间的作用。

装饰性陈设是指本身没有实用功能而只有观赏价值的陈设品，如书法绘画艺术品、雕塑、古玩、工艺品等。选择与室内风格协调的陈设品，可使室内空间产生统一的、纯真的感觉，也很容易达到整体协调的效果。

【自主实践活动】

通过完成本任务，可以掌握各类室内陈设品的绘制方法，并了解室内陈设的相关知识。感兴趣的同学可以课后对这些线描家具进行着色练习。

【任务评价】

根据各小组的任务实施与完成情况，分别由学生、小组其他成员和指导教师填写自评、小组互评和教师评价，进行多维度的教学活动评定。

自评、小组互评、教师评价记录表

项目：室内陈设、建筑与景观单色表现　　任务：家具的单色表现　　　　专业及班级：_____

自　　评：绘制完整性	很好□	较好□	一般□	还需努力□
相似度	很高□	较高□	一般□	还需努力□
线条优美	很好□	较好□	一般□	还需努力□
态度评价：	很努力□	较努力□	一般□	还需努力□
小组互评：整体效果	优□	良□	中□	差□
教师评价：绘图质量	优□	良□	中□	差□

任务二
花、草、树和其他陈设的单色表现

【任务描述】

花、草、树等陈设也是效果图中的重要配景，它们在图中起到活跃气氛、衬托主体和平衡画面的作用。本次任务旨在了解花、草、树和其他陈设的线描表现技法。

【学习目标】

1）能掌握植物配景的基本画法。

2）能有基本的徒手表达能力，如练习一些植物风景速写。

3）能选择正确的绘制工具。

4）能徒手进行一些钢笔画的基本线条表达。

【任务实施】

一、绘图前准备

1）挑选一些精彩、漂亮的植物配景和其他装饰性陈设的图片。

2）准备几张合适的纸张，可以是 A4 复印纸，也可以是一般绘图纸。

3）选择正确的绘图工具，绘图铅笔、钢笔或针管笔。

二、绘图方法

1）绘制植物配景图时，注意处理好植物花、叶的疏密关系，如图 3-4 所示。

2）绘制装饰配景图时，用简练、概括的线条表现出形象特征即可，如图 3-5 所示。

图 3-4 植物配景图

图 3-5 装饰配景图

【知识链接】

陈设单色表现的注意要点

1）画沙发、茶几、床等陈设时，要从整体入手，简洁、概括、生动地表现它们，特别要注意它们之间的透视比例关系、组合关系、虚实处理。注意款式要新潮，透视、比例要准确，线条不要画得太满，要留有余地，虚实、刚柔结合。

2）画植物陈设时，要用简练的线条表现它们的形象特征。具体表现时，要将植物的枝叶勾画生动，使其自然融入图中，争取做到与表现主体衔接自然。另外，为了加强画面的空间层次感，刻画近处的植物时应注意花、叶的疏密变化和枝干的穿插关系。注意表现植物的品种特征、造型和姿态，要刻画得相对细致和生动。对远处的植物，不要作强烈的明暗对比和形态塑造。具体表现时，可以用单线勾勒整个植物群的轮廓，使之简单化，以保证画面的整体性。

【自主实践活动】

通过完成本任务，可以掌握各类植物配景的表现方法，并了解室内各类陈设品绘制的相关知识。感兴趣的同学可以课后再找一些最新的室内陈设图例反复练习。

【任务评价】

根据各小组的任务实施与完成情况，分别由学生、小组其他成员和指导教师填写自评、小组互评和教师评价，进行多维度的教学活动评定。

自评、小组互评、教师评价记录表

项目：室内陈设、建筑与景观单色表现

任务：花、草、树和其他陈设的单色表现　　　　　　　　专业及班级：＿＿＿＿＿

自　　评：绘制完整性	很好□	较好□	一般□	还需努力□
相似度	很高□	较高□	一般□	还需努力□
线条优美	很好□	较好□	一般□	还需努力□
态度评价：	很努力□	较努力□	一般□	还需努力□
小组互评：整体效果	优□	良□	中□	差□
教师评价：绘图质量	优□	良□	中□	差□

任务三
景观基本单体的单色表现

【任务描述】

通过直线、抖线的基本线型表现景观中的一些基本单体，一般来说，要表现出景观单体的基本形象。

【学习目标】

1）学会对直线、抖线的运用。

2）有基本的景观单体绘制能力。

3）掌握基本的工具材料使用方法。

【任务实施】

一、绘图前准备

1）A3 纸以及相应的针管笔，针管笔大小建议 0.3mm 以上。

2）绘图铅笔，最好是 2B 铅笔。

3）相应的临摹稿。

二、绘图步骤

1）树的画法如图 3-6 所示。

2）草的画法如图 3-7 所示。

3）石头的画法如图 3-8 所示。

a)

b)

c)

图 3-6　树的画法

a）先画树干　b）再画树冠　c）最后用马克笔压一下

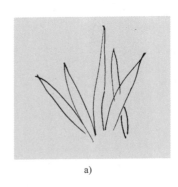
a)

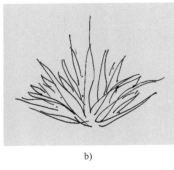
b)

c)

图 3-7　草的画法

a）先画前排的草　b）再画后排的草　c）最后用马克笔压一下黑色

a)

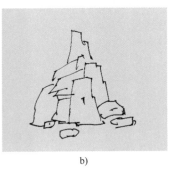
b)

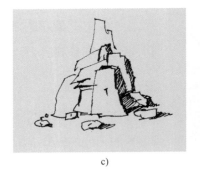
c)

图 3-8　石头的画法

a）先画前排石头　b）再画后排石头　c）最后画石头的阴影

【知识链接】

1）基本单体的练习一定不能省略，这是练习直线、抖线的最佳时期。从线走向景观线稿有一个鸿沟，景观基本单体的练习能够帮助跨越这个鸿沟。

2）注意黑白灰。基本单体的练习一定要注意黑白灰的表现，否则基本单体就会成为平面化的物体，缺乏立体感。

3）注意从前到后的顺序。事实上，所有景观基本单体都是由简单形象构成的简单形集合体。了解清楚这个造型逻辑后，就能养成化繁为简的习惯。

【自主实践活动】

通过完成本任务，可以掌握景观基本单体的造型规律及一般画法。课后可以多临摹，争取能够默写，并运用到实际手绘效果图的表达中去。

【任务评价】

根据各小组的任务实施与完成情况，分别由学生、小组其他成员和指导教师填写自评、小组互评和教师评价，进行多维度的教学活动评定。

自评、小组互评、教师评价记录表

项目：室内陈设、建筑与景观单色表现　　　任务：景观基本单体的表现　　　专业及班级：＿＿＿＿＿

自　　评：绘制完整性	很好□	较好□	一般□	还需努力□
相似度	很高□	较高□	一般□	还需努力□
线条优美	很好□	较好□	一般□	还需努力□
态度评价：	很努力□	较努力□	一般□	还需努力□
小组互评：整体效果	优□	良□	中□	差□
教师评价：绘图质量	优□	良□	中□	差□

任务四
建筑景观单色表现 1

【任务描述】

学习建筑景观绘制的一般步骤，掌握基本的作画规则。

【学习目标】

1）能掌握景观效果图的表达步骤。

2）能掌握效果图的线条表达。

3）能正确使用相应工具。

【任务实施】

一、绘图前准备

1）A3 纸以及相应的针管笔，针管笔大小建议 0.3mm 以上。

2）绘图铅笔，最好是 2B 铅笔。

3）相应的临摹稿。

二、绘图步骤

1）铅笔起稿。起稿时一定要注意构图的方向、大小以及位置。纸的边缘有一些留白，会使得画面更有张力，如图 3-9 所示。

2）线稿起形。注意直线与抖线的使用。起形时线条要流畅、准确，必要的地方建议使用直尺。起形注意比例关系，初学者建议从主体物开始起形，也可以从前面的物体往后画，如图 3-10 所示。

3）完成线稿。必要的地方用黑色马克笔压黑，使画面有厚重感。此幅作品内容复杂，一定不能忽视整幅画面的黑白灰。此外，水面的处理一定要灵动，不能过于生硬，否则水波的感觉就大打折扣了，如图 3-11 所示。

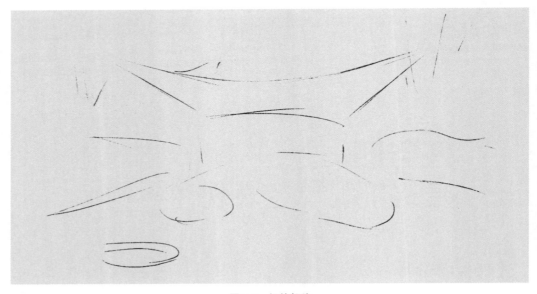

图 3-9　铅笔起稿

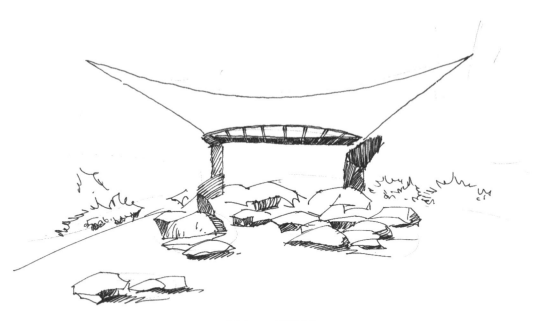

图 3-10　线稿起形

图 3-11　完成线稿

【知识链接】

1）前、中、后景的原则。面对复杂图要善于化繁为简，最佳的方式就是有前、中、后景的划分。

2）透视把握要准确。景观中，特别是有建筑的景观中，一定要注意透视关系。

3）注意虚实。画面中一定要有很实的东西。同时，虚的东西也不能少。就本任务作品而言，实的东西是石头、建筑，虚的东西是四周"压脚"的植被。

【自主实践活动】

通过完成本任务，可以掌握建筑景观画法的一般步骤，课后可以多看优秀的线描稿，并思考临摹方法。把步骤想清楚后不妨尝试动笔，通过实战提升自己的能力。

【任务评价】

根据各小组的任务实施与完成情况，分别由学生、小组其他成员和指导教师填写自评、小组互评和教师评价，进行多维度的教学活动评定。

自评、小组互评、教师评价记录表

项目：室内陈设、建筑与景观单色表现

任务：建筑景观单色表现1   专业及班级：_____

自 评：绘制完整性	很好□	较好□	一般□	还需努力□
相似度	很高□	较高□	一般□	还需努力□
线条优美	很好□	较好□	一般□	还需努力□
态度评价：	很努力□	较努力□	一般□	还需努力□
小组互评：整体效果	优□	良□	中□	差□
教师评价：绘图质量	优□	良□	中□	差□

任务五
建筑景观单色表现2

【任务描述】

学习以购物商场的广场为主展开效果图表达。在景观设计中，购物小广场是经常会遇到的设计课题，掌握好这类课题的表达是景观设计中的必备技能。

【学习目标】

1）能掌握基本的绘画步骤。

2）能理解商业小广场的手绘表达注意事项。

3）能把握建筑、景观、人三者之间的比例关系。

【任务实施】

一、绘图前准备

1）A3 纸以及相应的针管笔，针管笔大小建议 0.3mm 以上。

2）绘图铅笔，最好是 2B 铅笔。

3）相应的临摹稿。

二、绘图步骤

1）用铅笔确定构图。注意比例与尺度的大小另外应考虑人的比例关系，因为它会直接关系到画面的和谐程度，如图 3-12 所示。

图 3-12　用铅笔确定构图

2）用墨线勾图。对事先勾好的铅笔稿进行墨线勾图。注意，商业广场的建筑比较多，建议以直线为主，抖线为辅，如图 3-13 所示。

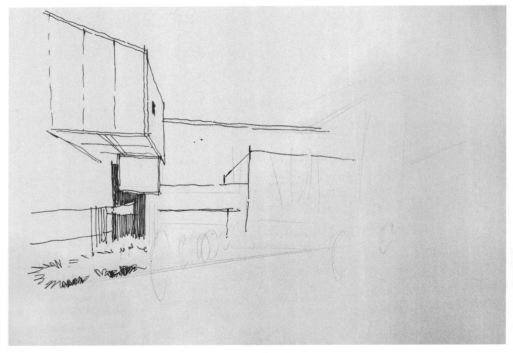

图 3-13　用墨线勾图

3）完成稿件。注意画面黑白灰的大关系，如图 3-14 所示。

图 3-14　完成稿件

【知识链接】

1）商业小广场一般来说最为讲究的就是比例关系。多重建筑空间穿插，因此在铅笔起形的时候就要注意好空间的安排，别等到上墨线的时候才发现空间关系处理不正确。

2）人物虽然在商业小广场中属于次要位置，但善用人物形象既可以使得空间的比例关系更加和谐，也可以增加画面的趣味，使其不显呆板。

3）注意画面的黑白灰处理，"压脚"的黑色一定要有，但不可以泛。

【自主实践活动】

通过完成本任务，可以掌握商业小广场的画法及基本要素，在平时处理类似案例时可以多加练习。感兴趣的同学可以试着做上色练习。

【任务评价】

根据各小组的任务实施与完成情况，分别由学生、小组其他成员和指导教师填写自评、小组互评和教师评价，进行多维度的教学活动评定。

自评、小组互评、教师评价记录表

项目：室内陈设、建筑与景观单色表现

任务：建筑景观单色表现 2　　　　　　　　　　　　　　专业及班级：

自　　评：绘制完整性	很好□	较好□	一般□	还需努力□
相似度	很高□	较高□	一般□	还需努力□
线条优美	很好□	较好□	一般□	还需努力□
态度评价：	很努力□	较努力□	一般□	还需努力□
小组互评：整体效果	优□	良□	中□	差□
教师评价：绘图质量	优□	良□	中□	差□

任务六
建筑单色表现

【任务描述】

本任务主要学习建筑单色表现。在室外效果图中，建筑是表现的主体，掌握好建筑的表现是室外效果图表现中的必备技能。

【学习目标】

1）能掌握大体量空间建筑的效果图表达。

2）能处理好大空间、小空间之间的透视关系。

3）善于运用一些小件装饰画面。

【任务实施】

一、绘图前准备

1）A3 纸及相应的针管笔，针管笔大小建议 0.3mm 以上。

2）相应的临摹稿。

3）正确使用相应工具。

二、绘图步骤

1）用铅笔确定构图。注意比例与尺度的大小。特别要注意大体量空间建筑与小空间（建筑门窗等）的透视关系组合。建议构图时门窗以一条直线带过，确保所有的小空间内容处于同一透视关系上，如图 3-15 所示。

图 3-15　用铅笔确定构图

2）用墨线勾图。对事先勾好的铅笔稿进行墨线勾图。注意建筑物有许多重复用线的地方，如图 3-16 所示。

图 3-16　用墨线勾图

3）完成稿件。注意画面透视关系的整体调整，如图 3-17 所示。

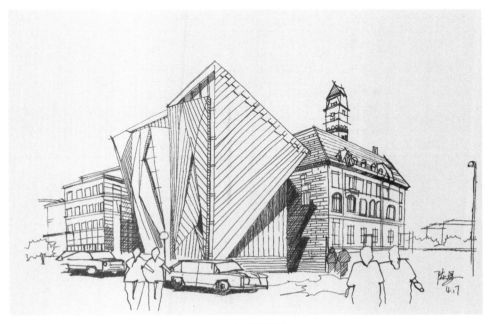

图 3-17　完成稿件

59

【知识链接】

1）大体量建筑一定要记得把握住透视关系，一般来说，构图的时候尽量提示自己画面中的消失点在哪，并不断反复检查消失点的位置。

2）小空间的处理一定要在大体量建筑之中，透视关系随着后者走。不能忽视小空间的透视，否则会乱掉整个画面的视觉空间关系，这一点对于初学者来讲尤为关键。

3）汽车的造型尽量用硬一点的线条，表现钢材的质感。

【自主实践活动】

通过完成本任务，可以掌握建筑效果图绘制的基本过程，了解一些基本注意事项。感兴趣的同学可以试着进行建筑写生，基础比较好的同学可以进行古镇写生，古镇的建筑空间组合形式较为复杂，适合检验能力。

【任务评价】

根据各小组的任务实施与完成情况，分别由学生、小组其他成员和指导教师填写自评、小组互评和教师评价，进行多维度的教学活动评定。

自评、小组互评、教师评价记录表

项目：室内陈设、建筑与景观单色表现

任务：建筑单色表现　　　　　　　　　　　　　　　　专业及班级：＿＿＿＿＿

自　评：绘制完整性	很好□	较好□	一般□	还需努力□
相似度	很高□	较高□	一般□	还需努力□
线条优美	很好□	较好□	一般□	还需努力□
态度评价：	很努力□	较努力□	一般□	还需努力□
小组互评：整体效果	优□	良□	中□	差□
教师评价：绘图质量	优□	良□	中□	差□

项目四
二维图的着色与表达

【项目概述】

本项目要学习室内设计方案中二维图的着色与表达。在室内方案设计图中，二维图主要包括平面图和立面图。本项目分为平面图的着色（又称上色）与表达、立面图的着色与表达。项目最后附上一部分学生作品点评，供大家借鉴参考。

【素养目标】

通过室内设计方案二维图上色表现的训练，培养学生欣赏美、发现美的能力，同时养成色彩、材料设计美学意识。

任务一
平面图的着色与表达

【任务描述】

通过一张住宅室内平面图的绘制和着色练习，掌握平面图的着色与表达。

【学习目标】

1）有基本的识图能力，看懂一般的设计方案布置图。

2）能有较好的图纸抄绘能力。

3）能选择正确的绘制工具。

4）能借助绘图尺规进行图纸临摹，并能给予简单的着色。

【任务实施】

一、绘图前准备

1）挑选一套完整的住宅室内设计方案，选出其中的平面图，按一定的比例进行抄绘练习。

2）准备几张 A3 绘图纸、绘图铅笔、针管笔、彩铅。

3）挑选表面光洁的 4K 白色绘图纸，也可以是薄型卡纸。

二、绘图步骤

1）根据给定的住宅平面图，按比例进行抄绘，如图 4-1 所示。

2）将平面图中的墙体用深色马克笔涂黑，如图 4-2 所示。

3）根据绘制好的平面线描图，选择两种浅灰色给图中的铺地上一遍色，确定基本色调，如图 4-3 所示。

4）用深灰色马克笔画出图中的一般光影关系，如图 4-4 所示。

5）完善画面，用彩铅绘出图中主体空间中家具的投影，强调光影对比，如图 4-5 所示。

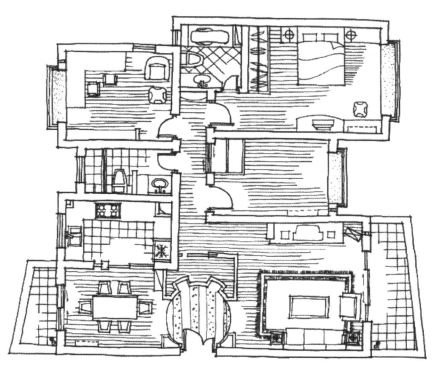

图 4-1 抄绘平面图

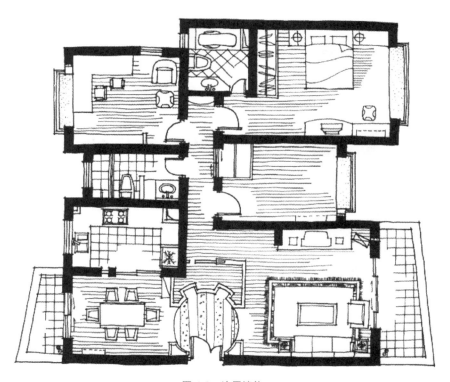

图 4-2 涂黑墙体

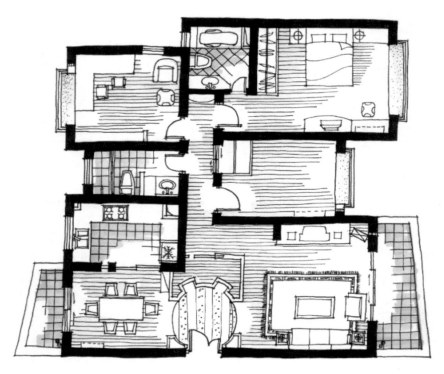

图 4-3　给铺地上色

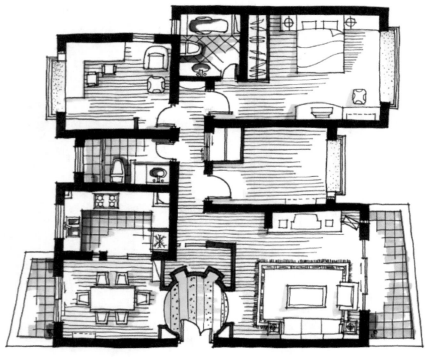

图 4-4　画出一般光影关系

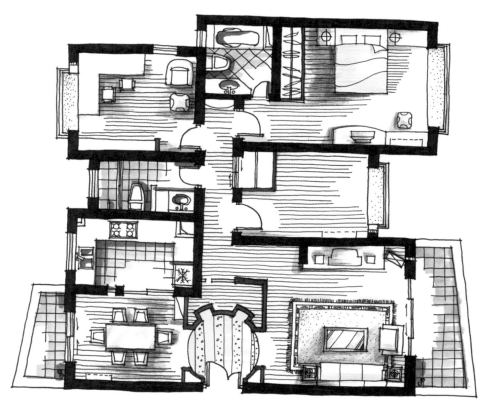

图 4-5　平面图着色效果图

【知识链接】

平面图着色注意要点

1）比例要精准。平面的手绘其实是构思过程的体现，主要考虑的是空间划分和人流路线等。在这个构思过程中，比例关系要到位。

2）在比例准确的前提下，深入进行材质的表现、细节的刻画和空间关系的体现。

① 材质的表现：大面积的地面是平面中的主要刻画对象，注意不要画得太满，刻画的重点在于主体物的周围。可以先用彩铅平铺一遍，然后再作局部的纹理细节刻画，同时注意不要抢主体物。

② 细节的刻画：细节的刻画可以丰富画面效果，也可以增强质感，使画面更真实。

③ 空间关系的体现：向下视角的空间变化关系要刻画到位，特别是物体的投影部分不能忽略，投影可起到光影投射效果，也可以衬托物体。角落的刻画和空间里植物的刻画，都能很好地体现空间效果。

【自主实践活动】

通过完成本任务，可以掌握平面图着色的表现方法，并了解室内二维图的基本知识。感兴趣的同学课后可以找一些室内外的景观平面图进行着色练习。

【任务评价】

根据各小组的任务实施与完成情况，分别由学生、小组其他成员和指导教师填写自评、小组互评和教师评价，进行多维度的教学活动评定。

自评、小组互评、教师评价记录表

项目：二维图的着色与表达		任务：平面图的着色与表达		专业及班级：
自　　评：绘制完整性	很好□	较好□	一般□	还需努力□
相似度	很高□	较高□	一般□	还需努力□
线条优美	很好□	较好□	一般□	还需努力□
态度评价：	很努力□	较努力□	一般□	还需努力□
小组互评：整体效果	优□	良□	中□	差□
教师评价：绘图质量	优□	良□	中□	差□

任务二
立面图的着色与表达

【任务描述】

通过对一张住宅室内立面图的绘制和着色练习，掌握立面图的着色与表达。

【学习目标】

1）能有基本的识图能力，看懂一般的设计方案立面图。

2）能有较好的图纸抄绘能力。

3）能选择正确的绘制工具。

4）能借助绘图尺规进行图纸临摹，并给予简单的着色。

【任务实施】

一、绘图前准备

1）挑选一份完整的家居室内设计方案，其中包含有一套完整的立面图，按一定的比例进行抄绘练习。

2）准备好绘图铅笔、针管笔和彩铅。

3）选择表面光洁的 4K 白色绘图纸，也可以是薄型卡纸。

二、绘图方法解析

1）根据给定的厨房立面图，按比例进行抄绘，如图 4-6 所示。

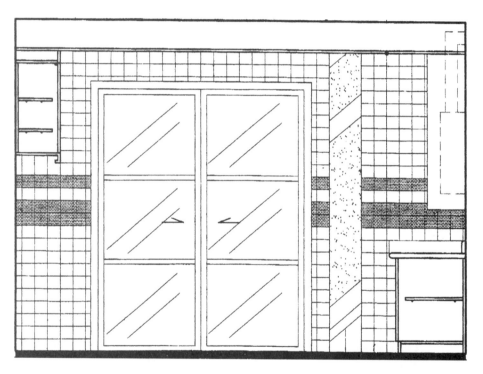

图 4-6　抄绘厨房立面图

2）根据绘制好的立面线描图，用浅蓝色彩铅上一遍色，确定基本色调，如图 4-7 所示。

3）用蓝色彩铅画出图中的一般光影关系，如图 4-8 所示。

4）调整画面关系，用深蓝色加强图中的明暗对比关系，如图 4-9 所示。

5）完善画面，用同类色中的深紫色画出图中物体的投影，强调光影对比，如图 4-10 所示。

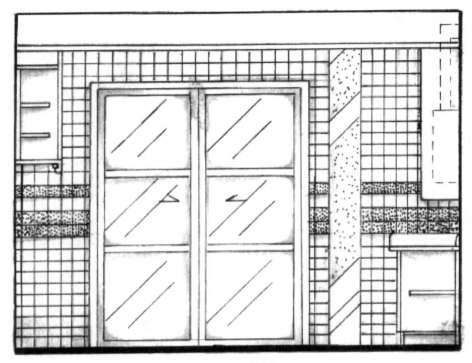

图 4-7 确定基本色调

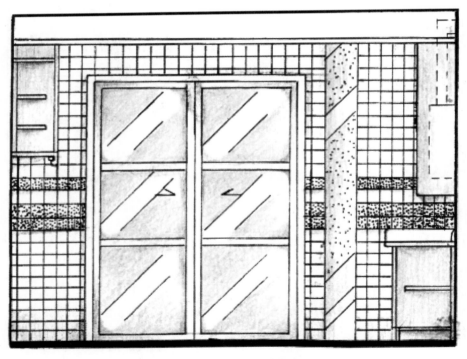

图 4-8 画出一般光影关系

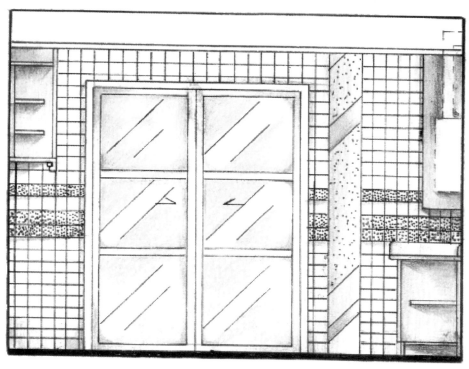

图 4-9　加强明暗对比关系

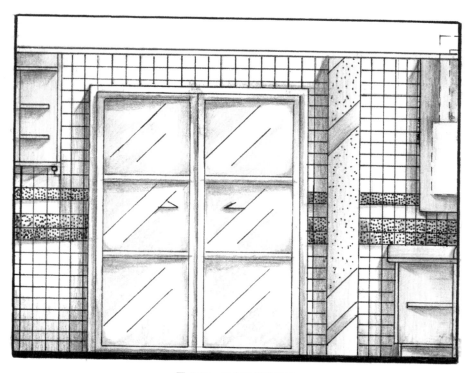

图 4-10　画出物体的投影

【知识链接】

立面图着色注意要点

1）比例要精准。立面图的手绘其实是构思过程中对平面图的补充，主要考虑的是立面墙壁的装饰及材料、靠墙家具的立面造型等。在这个构思过程中，比例关系要到位。

2）在比例准确的前提下，深入进行材质的表现、细节的刻画和家具造型的体现。

① 材质的表现：大面积的墙面是立面图中的主要刻画对象，注意不要画得太满，刻画的重点在表达立面中墙体装饰材料和家具的材质。可以先用彩铅平铺一遍，然后再作局部的纹理细节刻画，记得用色彩关系拉开前后层次。

② 细节的刻画：细节的刻画可以丰富画面效果，也可以增强质感，使画面更具真实性。

③ 家具造型的体现：立面中家具的造型，可以通过把墙面装饰和家具前后层次拉开来表达，特别是家具落在墙上的投影部分不能忽略。投影可起到光影投射效果，也可以衬托物体。

【自主实践活动】

通过完成本任务，可以掌握立面图着色的表现方法，并了解室内二维图的基本知识。课后可以找一些室内外的立面图进行着色练习。

【任务评价】

根据各小组的任务实施与完成情况，分别由学生、小组其他成员和指导教师填写自评、小组互评和教师评价，进行多维度的教学活动评定。

自评、小组互评、教师评价记录表

项目：二维图的着色与表达		任务：立面图的着色与表达		专业及班级：

自　评：绘制完整性	很好□	较好□	一般□	还需努力□
相似度	很高□	较高□	一般□	还需努力□
线条优美	很好□	较好□	一般□	还需努力□
态度评价：	很努力□	较努力□	一般□	还需努力□
小组互评：整体效果	优□	良□	中□	差□
教师评价：绘图质量	优□	良□	中□	差□

【学生作品点评】（图 4-11 ~ 图 4-17）

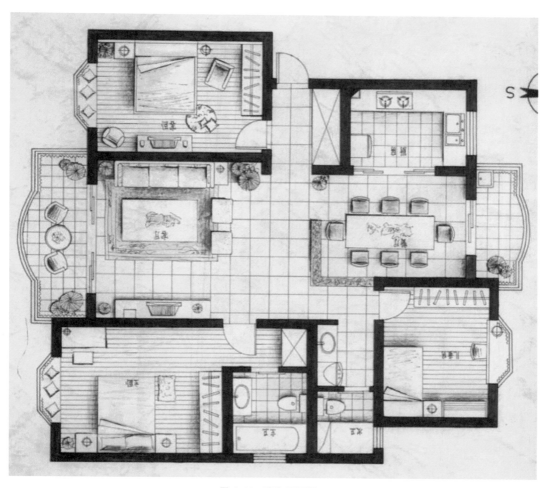

图 4-11　彩色平面图 1

点评：此图绘制在彩色卡纸上，巧妙地利用了色卡的底色基础，结合彩铅淡淡的着色表现，很好地统一了画面的色彩关系。

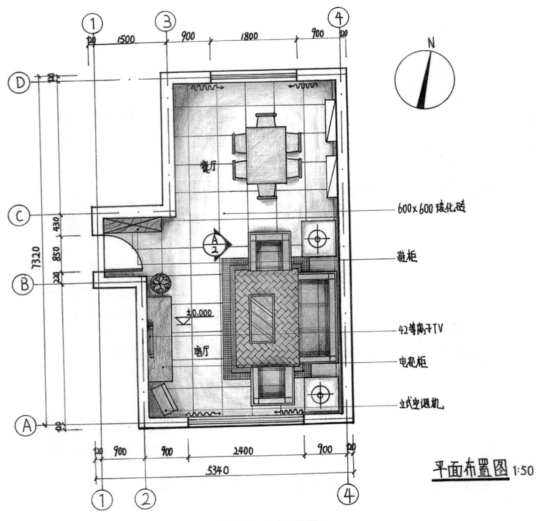

图 4-12　彩色平面图 2

　　点评：此图绘制在白色绘图纸上，标准制图结合彩铅的着色表达，很好地利用彩铅细腻的笔触及柔和的色彩过度特点，使画面光影柔和。

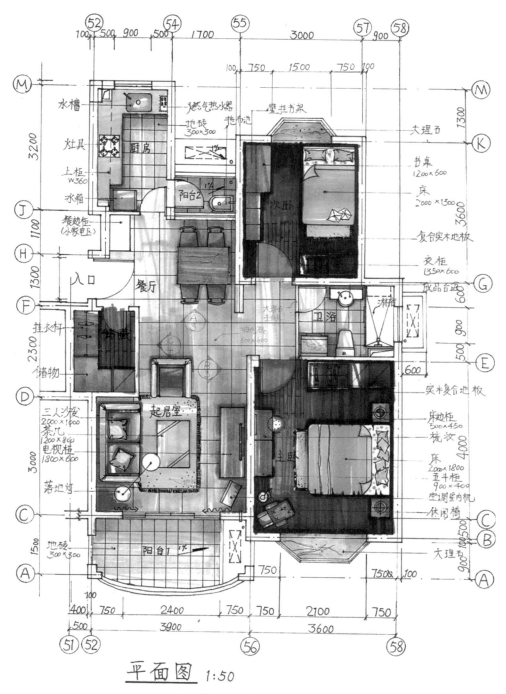

平面图 1:50

图 4-13 彩色平面图 3

点评：此图绘制在白色绘图纸上，标准制图结合马克笔的着色表达，做到了马克笔相近色之间的自然过渡，同时利用色差和光影的处理关系拉出了家具与地面在空间上的层次感。

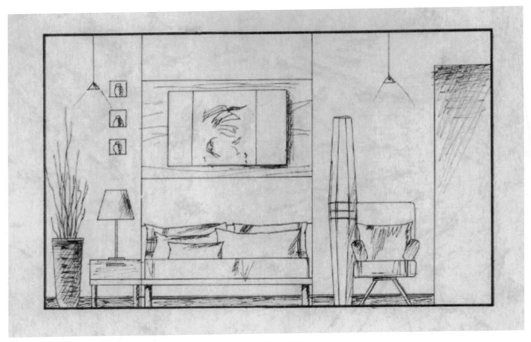

图 4-14 彩色立面图 1

点评：此图绘制在米灰色卡纸上，通过不同型号针管笔的粗细线条表现空间中墙面材料和家具设备的不同材质，同时通过线条的疏密组织表现光影效果。

图 4-15 彩色立面图 2

点评：此图绘制在彩色卡纸上，通过选用一组与底色相近的色彩组织表现了强烈的光影效果，彩铅自然细腻的过渡表现，拉开了空间层次。

客厅立面图

卧室立面图

厨房立面图

卫生间
立面图

图 4-16　彩色立面图 3

　　点评：此图绘制在白卡纸上，巧妙地利用了彩铅过渡自然、笔触细腻的特点，空间层次表现丰富。

图 4-17　彩色立面图 4

　　点评：此图绘制在白卡纸上，巧妙地利用了彩铅水溶性的特点，将色彩融合与统一起来。

项目五
三维图的着色与表达

【项目概述】

    本项目要学习室内设计方案图中三维图的着色与表达。室内设计方案图中三维图主要指室内空间透视图，也称为效果图。前面几个项目已经学习了住宅室内空间中各空间的透视表达，现在将前面绘制的钢笔线描图给予一定色彩，进行着色表达。本项目后面附上部分学生作品点评，供大家借鉴参考。

【素养目标】

    通过室内设计方案三维图上色表现的训练，培养学生能欣赏美、发现美的能力，同时养成色彩、材料设计美学意识。

任务一
客厅效果图的着色与表达

客厅效果图的
着色与表达

【任务描述】

通过一张住宅客厅效果图的绘制和着色练习，掌握钢笔线图的水彩着色与表达。

【学习目标】

1）能有基本的识图能力，能看懂一般的设计方案图。

2）能有较好的制图能力。

3）能选择正确的绘制工具。

4）能对已有的图纸进行拷贝，并能给予简单的着色。

【任务实施】

一、绘图前准备

1）挑选项目二中绘制的客厅透视图（图 2-17）进行拷贝练习。

2）准备一张 A3 的硫酸纸和一张表面较粗糙的水彩纸。

3）选择绘图工具，如绘图铅笔、针管笔。

4）准备水彩颜料、水彩笔、毛笔（一支小白云和一支大白云）、调色盒、水桶、吸水毛巾。

二、绘图步骤

1）根据客厅透视图（图 2-17），在裱好的水彩纸上进行拷贝，如图 5-1 所示。

2）根据客厅钢笔线描图，用三种水彩色进行铺色，确定空间基本色调，如图 5-2 所示。

3）进一步给图中的家具着色，并加强明暗关系，如图 5-3 所示。

4）给图中配景着色，加深阴影，增强图面效果，如图 5-4 所示。

图 5-1 拷贝客厅透视图

图 5-2 确定空间基本色调

图 5-3 进一步着色并加强明暗关系

图 5-4 增强图面效果

【知识链接】

一、钢笔淡彩

用钢笔线条和水彩颜料作效果图是一种以线条和色彩共同塑造形体的方法。钢笔淡彩在传统意义上指的是在钢笔线条的底稿上施以水彩。它的历史较长，在国外已有百余年的历史，在国内也有几十年的历史了。如今，钢笔淡彩的范围已经被大大地扩大了，"彩"可以是彩铅，可以是水粉，可以是马克笔，可以是油画棒，只要是能在钢笔线条的底稿上和谐地运用色彩的丰富和微妙来表现物体的立体感、空间层次感，能充分营造画面氛围的方式，都可以大胆尝试。

二、水彩着色的基本技法

1）水彩的颜色浓淡靠水分的多少来控制。水多了则淡，水少了则为原色，水分的掌握就成了画水彩最重要的技巧。

2）在第一遍颜色未干时上第二遍颜色，新的颜色会化开，可以让画面产生丰富的色彩变化。当第一遍颜色干后再画第二遍颜色，即留下清晰的边缘，可用来明确物体的轮廓和画面的层次。时间在这里起到了重要的作用，有的时候要趁湿抓紧时间，有的时候又要等画面干透。

3）水彩画技法繁多，可以先让纸打湿再着色；也可以先着色，再用滴水冲淡；还可以用撒盐等技法做特殊的肌理效果。

4）画水彩的时候最忌多种颜色混合，混合的颜色愈多愈不透明，失去了水彩特有的艺术魅力。

三、水彩着色注意要点

1）水彩着色需要按照一定的顺序作画，切忌没有画完一处又画一处。

2）水彩颜料的透明特性决定了这一作画技法——浅色不能覆盖深色。它不像水粉和油画那样可以覆盖，依靠淡色和白粉提亮。在一些关键部位及浅亮色、白色的地方要特别留白，即着色前先用铅笔把留白的地方标出来，这是水彩的显著特点。

3）水彩尤其注重对水分的利用，作画时需要根据要求和经验有效地使用水，充分考虑影响水彩画面的三个制约条件，即时间的长短、空气的干湿度，以及画纸的吸水程度。

4）在学习钢笔淡彩手绘时应通过分步学习来掌握绘图技法。刻画景物时，要尽量完整、概括地表现景物的空间结构关系，并在亮面部位留下空间，待上淡彩时绘画。着色时应注意色彩应该浅淡，不要遮盖住钢笔线稿，要画出透明的效果。

【自主实践活动】

通过完成本任务，可以掌握钢笔淡彩的基本技法，并了解客厅水彩着色的一般步骤。感兴趣的同学可以课后再选住宅内其他空间进行钢笔淡彩练习，从而进一步提高水彩着色的能力。

【任务评价】

根据各小组的任务实施与完成情况，分别由学生、小组其他成员和指导教师填写自评、小组互评和教师评价，进行多维度的教学活动评定。

自评、小组互评、教师评价记录表

项目：三维图的着色与表达	任务：客厅效果图的着色与表达		专业及班级：	
自　　评：绘制完整性	很好□	较好□	一般□	还需努力□
相似度	很高□	较高□	一般□	还需努力□
线条优美	很好□	较好□	一般□	还需努力□
态度评价：	很努力□	较努力□	一般□	还需努力□
小组互评：整体效果	优□	良□	中□	差□
教师评价：绘图质量	优□	良□	中□	差□

任务二
厨房效果图的着色与表达

【任务描述】

彩铅在室内设计方案三维图表达中的应用相当普遍，因为其方便、实用，且易于表现一些特殊肌理。在经过一段时间的水彩练习后，学生已具备了一定的识图和制图能力，也更进一步地理解了色彩的使用方法，为接下来彩铅的着色表现打下了基础。本任务是通过一张住宅厨房效果图的绘制和着色练习，掌握彩铅的着色与表达。

【学习目标】

1）能进一步提升自己的识图能力和制图能力。

2）能选择正确的绘制工具。

3）能有一定的色彩选择能力。

4）能对已有的图纸进行拷贝，并能给予简单的着色。

【任务实施】

一、绘图前准备

1）住宅平面布置图（图2-7）。

2）准备一张A3硫酸纸、一张水彩纸。

3）准备好绘图铅笔和针管笔。

4）准备24色彩铅（最好是水溶性彩铅）。

二、绘图步骤

1）采用两点透视法画出厨房的室内空间透视图，如图5-5所示。

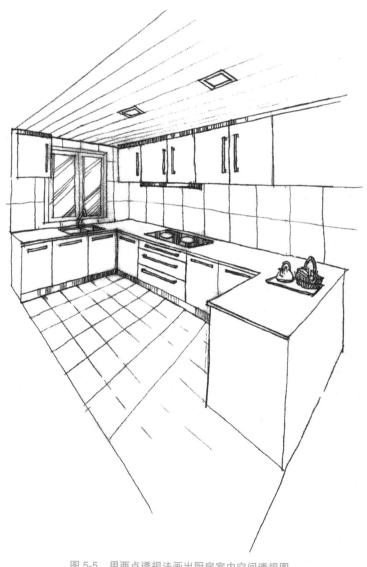

图5-5　用两点透视法画出厨房室内空间透视图

2）用浅蓝色整体铺一遍色，确定基本色调，如图 5-6 所示。

3）选择同类色中的深色加强明暗关系，如图 5-7 所示。

4）调整画面，给图中配景着色，加强光影效果，如图 5-8 所示。

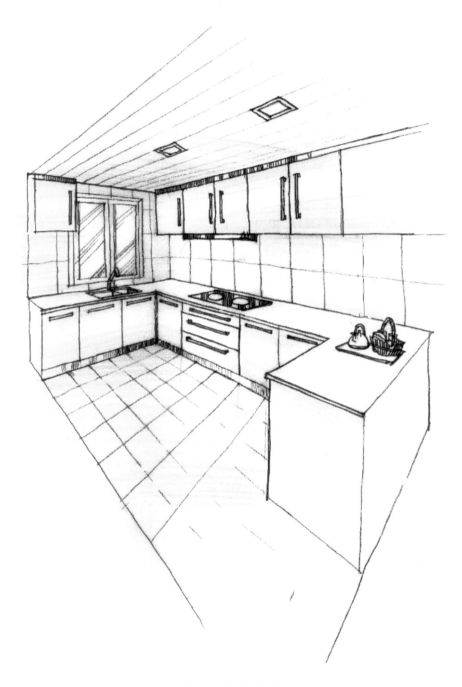

图 5-6　确定基本色调

图 5-7 加强明暗关系

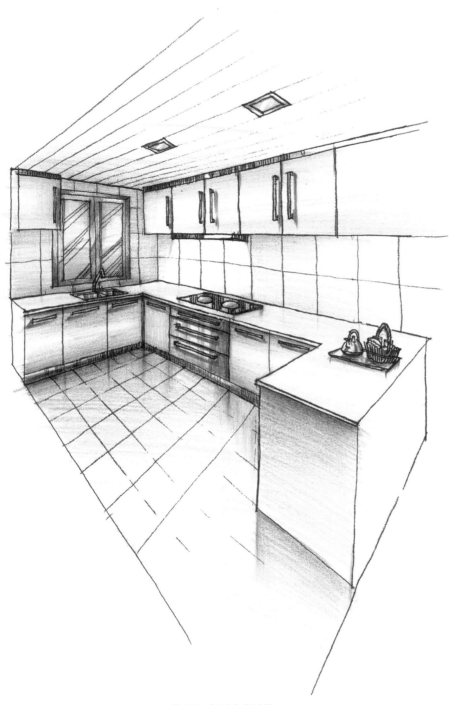

图 5-8　加强光影效果

【知识链接】

一、彩铅的性能及特点

彩铅倍受当今室内设计师的喜爱，主要因为它方便、简单、易掌握、运用范围广、效果好，是目前较为流行的快速技法用笔之一，尤其在快速表现中，用简单的几种颜色和轻松、洒脱的线条即可说明室内设计中的用色、氛围及用材。同时，彩铅的色彩种类较多，可表现多种颜色和线条，增强画面的层次感和空间感。彩铅在表现一些特殊肌理（如木纹、灯光、倒影和石材肌理）时，均有独特的效果。

二、彩铅的基本技法

1）彩铅绘图技法有勾线着色法和直接着色法。

2）勾线着色类似于钢笔淡彩，先勾墨线和黑色铅笔线，然后着色，具有装饰性，且结构明了、层次清晰。

3）直接着色是用彩铅根据表现的景物色彩画出轮廓线然后再着色，浑然一体，更真实、自然。

4）用力不同，可自然表现出浓淡变化。

5）深色部分尽量一次画够，避免把纸画"油"。

6）直接在画面上调色。如要画绿色，可以用蓝色和黄色交替着色，丰富色彩的变化。

三、彩铅着色注意要点

1）在绘制图纸时，可根据实际情况改变力度，以便使其色彩明度和纯度发生变化，带出一些渐变的效果，形成多层次的效果。

2）由于彩铅有可覆盖性，所以在控制色调时，可用单色（冷色调一般用蓝颜色，暖色调一般用黄颜色）先笼统地罩一遍，然后逐层着色，再细致刻画。

3）选用的纸张会影响画面的风格。在较粗糙的纸张上用彩铅会有一种粗犷豪爽的感觉，而用细滑的纸则会产生一种细腻柔和之美。

【自主实践活动】

通过完成本任务，可以掌握彩铅着色的基本技法，并了解厨房彩铅着色的一般步骤。感兴趣的同学可以课后再选住宅内其他空间进行彩铅着色练习，从而进一步提高彩铅着色的能力。

【任务评价】

根据各小组的任务实施与完成情况，分别由学生、小组其他成员和指导教师填写自评、小组互评和教师评价，进行多维度的教学活动评定。

自评、小组互评、教师评价记录表

项目：三维图的着色与表达	任务：厨房效果图的着色与表达			专业及班级：
自　　评：绘制完整性	很好□	较好□	一般□	还需努力□
相似度	很高□	较高□	一般□	还需努力□
线条优美	很好□	较好□	一般□	还需努力□
态度评价：	很努力□	较努力□	一般□	还需努力□
小组互评：整体效果	优□	良□	中□	差□
教师评价：绘图质量	优□	良□	中□	差□

任务三
餐厅效果图的着色与表达

【任务描述】

当今的建筑、室内、家具、服装等相关设计行业，在快速表现中都会采用马克笔进行着色，尤其在室内设计三维图中。本任务是通过一张住宅餐厅效果图的绘制和着色练习，掌握马克笔的着色与表达。

【学习目标】

1）能进一步提升自己的识图能力和制图能力。

2）能选择正确的绘制工具。

3）具有一定的色彩选择能力。

4）能对已有的图纸进行拷贝，并能给予简单的着色。

【任务实施】

一、绘图前准备

1）挑选项目二中绘制的室内餐厅透视图（图 2-27）进行拷贝练习。

2）准备一张 A3 硫酸纸、一张水彩纸。

3）准备绘图铅笔、针管笔和马克笔。

二、绘图步骤

1）采用两点透视法画出餐厅的空间透视图，如图 5-9 所示。

图 5-9　用两点透视法画出餐厅空间透视图

2）根据画好的餐厅透视图，用浅灰色整体铺一遍色，画出图中的基本明暗关系，如图 5-10 所示。

3）根据前面画好的基本明暗色调，选择同类色进行快速整体铺色，如图 5-11 所示。

4）调整画面，给图中配景着色，加深光影效果，如图 5-12 所示。

图 5-10　画出基本明暗关系

图 5-11　整体铺色

图 5-12　加深光影效果

【知识链接】

一、马克笔的性能及特点

马克笔是一种用途广泛的工具，它的优越性在于使用方便、干燥迅速，可提高作画速度，已经成为广大设计师进行室内装饰设计、服装设计、建筑设计、舞台美术设计等的必备工具之一。马克笔由于其色彩丰富、作画快捷、使用简便、表现力较强，而且能适合各种纸张，省时省力，因此在近几年成了设计师的宠儿。

马克笔分水性和油性两种。常用的为油性马克笔，具有浸透性，挥发较快，通常以甲苯为溶剂，使用范围广，能在任何材质表面上使用，如玻璃、塑胶等，具有广告颜色及印刷色效果。油性马克笔不溶于水，因此也可以与水性马克笔混合使用，而不破坏水性马克笔的痕迹。

二、马克笔的基本技法

1）先用冷灰色或暖灰色的马克笔将图中基本的明暗色调画出来。

2）在运笔过程中，用笔的遍数不宜过多。在第一遍颜色干透后，再进行第二遍着色，而且要准确、快速，否则色彩会渗出而形成混浊之状，失去了马克笔透明和干净的特点。

3）用马克笔表现时，笔触大多以排线为主，因此有规律地组织线条的方向和疏密，有利于形成统一的画面风格。作画时可灵活运用排笔、点笔、跳笔、晕化、留白等方法。

4）马克笔不具有较强的覆盖性，淡色无法覆盖深色。所以，在给效果图上色的过程中，应该先上浅色而后覆盖较深重的颜色。并且要注意色彩之间的相互和谐，忌用过于鲜亮的颜色，应以中性色调为宜。

5）单纯地运用马克笔，难免会留下不足。所以，马克笔应与彩铅、水彩笔等工具结合使用。有时用酒精再次调和，画面上会出现神奇的效果。

三、马克笔着色注意要点

1）马克笔的颜色为透明色，一般不会覆盖黑线。

2）马克笔着色厚，不易修改，一般应先浅后深。

3）马克笔色彩覆盖时应使用相近的颜色，若用差距太大的颜色覆盖，则会使颜色混浊。

4）马克笔着色要快，不要长时间停顿，以免渗开；物体的界面一笔画到头，不宜断开。

5）马克笔着色时一定要顺着一个方向。

6）使用马克笔等快速表现工具时，不必将画面铺满，要有重点地局部上色。

【自主实践活动】

通过完成本任务，可以掌握马克笔着色的基本技法，并了解餐厅马克笔着色的一般步骤。感兴趣的同学可以课后再选住宅内的其他空间进行马克笔着色练习，从而进一步提高马克笔着色的能力。

【任务评价】

根据各小组的任务实施与完成情况，分别由学生、小组其他成员和指导教师填写自评、小组互评和教师评价，进行多维度的教学活动评定。

自评、小组互评、教师评价记录表

项目：三维图的着色与表达		任务：餐厅效果图的着色与表达		专业及班级：	
自 评：绘制完整性	很好□	较好□	一般□	还需努力□	
相似度	很高□	较高□	一般□	还需努力□	
线条优美	很好□	较好□	一般□	还需努力□	
态度评价：	很努力□	较努力□	一般□	还需努力□	
小组互评：整体效果	优□	良□	中□	差□	
教师评价：绘图质量	优□	良□	中□	差□	

 # 任务四
书房效果图的综合着色

【任务描述】

掌握手绘表现图，往往不拘泥于一种表现手法，可以是多种技法与技术的综合表现。本任务通过一张住宅书房效果图的绘制和着色练习来初步掌握水彩与彩色铅笔的综合运用。

【学习目标】

1）具有基本的识图能力，能看懂一般的设计方案布置图。

2）具有较好的制图能力。

3）能选择正确的绘制工具。

4）具有基本的水彩、彩铅着色技能。

【任务实施】

一、绘图前准备

1）挑选一张书房透视图进行拷贝练习。

2）准备一张 A3 硫酸纸、一张水彩纸。

3）准备水彩颜料、绘图铅笔、针管笔、彩铅、水彩笔、毛笔（一支小白云和一支大白云）、调色盒、水桶、吸水毛巾。

二、绘图步骤

1）将书房透视图拷贝在裱好的水彩纸上，如图 5-13 所示。

2）用针管笔画出空间明暗关系，注意用线的轻重缓急来表现它的虚实变化，如图 5-14 所示。

3）用水彩进行整体铺色，确定空间的基本色调，如图 5-15 所示。

4）根据前面画好的基本色调图，用彩铅给家具着色，调整画面关系，如图 5-16 所示。

图 5-13　拷贝书房透视图

图 5-14　画出空间明暗关系

图 5-15　确定空间基本色调

图 5-16　给家具着色

【知识链接】

水彩与彩铅的综合运用

水溶性彩铅最好能结合水彩来用，这样会得到事半功倍的效果。当然，画的时候要用水彩纸。

另外，彩铅只有在纸张完全干了以后才能画。不管要叠色还是补色，都必须等到纸张干了以后再用彩铅着色，或者直接上水彩。彩铅在纸张湿的时候不好画，而且容易弄破纸张。水彩结合水融性彩铅的效果很好，能干能湿。

【自主实践活动】

通过完成本任务，可以掌握水彩和彩铅的综合运用，并大致了解住宅书房效果图的绘制。感兴趣的同学可以课后找一些图片进行着色练习，从而进一步掌握水彩与彩铅结合运用的技法。

【任务评价】

根据各小组的任务实施与完成情况，分别由学生、小组其他成员和指导教师填写自评、小组互评和教师评价，进行多维度的教学活动评定。

自评、小组互评、教师评价记录表

项目：三维图的着色与表达	任务：书房效果图的综合着色		专业及班级：
自　评：绘制完整性	很好□ 较好□	一般□	还需努力□
相似度	很高□ 较高□	一般□	还需努力□
线条优美	很好□ 较好□	一般□	还需努力□
态度评价：	很努力□ 较努力□	一般□	还需努力□
小组互评：整体效果	优□ 良□	中□	差□
教师评价：绘图质量	优□ 良□	中□	差□

任务五
卧室效果图的综合着色

【任务描述】

马克笔虽然色彩明快、绘制方便，但却有一个很大的缺点——只能画大块色，画面细致的部分不能被很好地刻画出来，这就需要彩铅进行补充。本任务通过一张住宅卧室效果图的绘制和着色练习，掌握马克笔和彩铅的综合着色。

【学习目标】

1）进一步提升识图能力和制图能力。

2）能选择正确的绘制工具。

3）具有一定的色彩选择能力。

4）能对马克笔、彩铅技法有一定的掌握。

【任务实施】

一、绘图前准备

1）挑选一张室内卧室透视图进行拷贝练习。

2）准备一张 A3 硫酸纸、一张水彩纸。

3）准备绘图铅笔、针管笔、马克笔、彩铅等。

二、绘图步骤

1）画出卧室透视图，如图 5-17 所示。

图 5-17　画出卧室透视图

2）根据画好的卧室透视图，用针管笔画出基本明暗关系，如图 5-18 所示。

图 5-18　画出基本明暗关系

3）用马克笔大面积快速着色，注意留白，如图 5-19 所示。

图 5-19　用马克笔大面积快速着色

4）用彩铅将留白的地方涂上颜色，注意虚实，如图 5-20 所示。

图 5-20　用彩铅着色

【知识链接】

马克笔与彩铅的综合运用

在室内效果图快速表现中常常将马克笔配合彩铅一起使用，马克笔给人的感觉是色彩明快响亮，但缺点是难以控制，而彩铅可以弥补这一缺点。彩铅的颜色虽然没有马克笔那样明快，但能使画面色彩过渡自然、细腻。在马克笔画完后，用彩铅再在必要的地方铺上一点点补笔，效果很好。马克笔没有的颜色可以用彩铅补充，笔触的跳跃也可用彩铅来缓和，不过还是提倡强调笔触。

一般来说，先用马克笔大面积着色，注意亮部留白，再用彩铅将亮部留白的地方涂起来（注意虚实），灰部可适当着色。彩铅的作用主要是可以使画面颜色更加丰富。

绘画没有绝对的技巧，只要能使画面效果好，都是好方法，重要的是要注意整体的明暗关系，色调的统一，与小范围的对比。可以用彩铅轻轻地勾勒出轮廓和结构关系。颜色上要和使用的马克笔颜色相一致。注意马克笔的笔法，表现的时候不一定要连续涂抹，慢慢体会各种质感的表现方法，熟能生巧。

【自主实践活动】

通过完成本任务，可以掌握马克笔与彩铅结合的表现方法，并了解卧室综合着色的一般步骤。感兴趣的同学可以课后再选住宅内其他空间，进行多种工具综合着色练习，从而进一步提高多种工具综合着色的能力。

【任务评价】

根据各小组的任务实施与完成情况，分别由学生、小组其他成员和指导教师填写自评、小组互评和教师评价，进行多维度的教学活动评定。

自评、小组互评、教师评价记录表

项目：三维图的着色与表达		任务：卧室效果图的综合着色		专业及班级：	
自　　评：绘制完整性	很好□	较好□	一般□	还需努力□	
相似度	很高□	较高□	一般□	还需努力□	
线条优美	很好□	较好□	一般□	还需努力□	
态度评价：	很努力□	较努力□	一般□	还需努力□	
小组互评：整体效果	优□	良□	中□	差□	
教师评价：绘图质量	优□	良□	中□	差□	

【学生作品点评】（图 5-21~ 图 5-27 ）

室内效果图快速着色是手绘效果图的重点内容。这里挑选用马克笔或彩铅快速着色的室内效果图作业，同一场景的不同色彩搭配呈现出不同的效果。

图 5-21　客厅效果图 1

点评：本作品绘制在白卡纸上，白卡纸表面光滑，很适合马克笔着色表现。此图采用亮色调，色彩明暗对比强烈，体现了马克笔着色明亮、轻快的特点。

图 5-22　客厅效果图 2

点评：本作品绘制在白卡纸上，此图采用室内常用的灰色调，色彩过渡自然，整体色调柔和协调。

图 5-23　客厅效果图 3

点评：本作品绘制在白卡纸上，采用马克笔结合彩铅着色表现，整体色调为暖色调，色彩过渡衔接自然，很好地掌握了马克笔着色明快、彩铅过渡自然的特点。

图 5-24　客厅效果图 4

点评：本作品绘制在白卡纸上，以彩铅着色表现为主，整体色调为冷色调，色彩协调，材质细节刻画到位，空间光影效果表现好。

图 5-25　客厅效果图 5

点评：本作品绘制在白卡纸上，为彩铅着色表现，整体色调为暖黄色调，色彩统一，材质表现到位，空间光影效果表现好。

图 5-26　卧室效果图

　　点评：本作品绘制在浅色卡纸上，以彩铅着色表现为主，整体色调为冷色调，空间色彩以蓝色为主，地面采用深咖色，形成局部对比，拉开空间层次。

图 5-27　酒店大堂效果图

　　点评：本作品绘制在白卡纸上，以马克笔着色表现为主，整体色调为灰色调，色彩统一，材质细节刻画到位，后期通过彩铅衔接细节部位的色彩，过渡自然。

项目六
建筑风景写生

【项目概述】

　　建筑风景写生是建筑装饰表现技法学习的一种基本类型。风景写生是让学生到大自然中、到生活中去感受和体验，并学会用速写绘画的语言方式去表达自己感受到的自然之美、建筑之美。本项目通过开展两个任务（建筑速写、建筑风景色彩写生，训练敏锐的观察和捕捉物象的能力，对建筑及场景风格造型、光影关系的分析观察能力，对速写、水彩及水粉表现技法的运用能力，使学生理解和认识建筑之美、自然之美，提高自身设计能力。本项目后面附上一部分学生作品点评，供大家借鉴参考。

【素养目标】

　　通过建筑风景写生表现的训练，培养学生相互礼让、合作、遵守纪律及自律的能力，全面发展，树立正确的目标理想。

任务一
建筑速写

【任务描述】

为了提高手绘表现能力，加强对建筑形态的理解和认识，把握建筑速写的基本规律，本任务要求在规定的时间内用速写的形式借助多种表现方法完成建筑写生。

【学习目标】

1）能用较好的审美眼光进行速写构图。

2）能正确表达建筑的透视关系，把握建筑造型。

3）能运用画笔表达建筑的光影关系和材料质感。

4）写生训练中能区分主次，抓住重点，表达意境。

【任务实施】

一、速写前准备

1）在速写地点选择建筑速写对象，思考确定角度、场景、构图等内容。

2）准备白色绘图纸，可以是复印纸、薄型卡纸等。

3）选择适合的钢笔、铅笔、针管笔等。

二、速写步骤

1）观察速写对象，确定建筑速写的角度、构图，先在纸上基本定位起形，如图 6-1 所示。

2）画出主要透视线及建筑或建筑群体的主要形体关系，如图 6-2 所示。

图 6-1 基本定位起形

图 6-2 画出主要形体关系

3）刻画建筑细节，适度表达阴影关系加以润色，并适当加配景，如图 6-3 所示。完成后的效果如图 6-4 所示。

图 6-3 刻画建筑细节

小贴士 以上是建筑速写的基础步骤，大家可以根据自己对速写建筑对象的理解，用自己的表达方式进行速写。

图6-4 完成图

【知识链接】

一、速写的概念

　　速写是迅速描绘对象的临场习作，要求在短时间内使用简单的绘画工具，以简练的线条扼要地画出对象的形体特征、动势和神态，可以记录形象，为创作收集素材，是写生的一种。此外，速写也可以作为一种独特的艺术表现形式或设计构思和表现。

二、建筑速写的特点和表现形式

建筑速写一般篇幅较小、用笔简练生动，用概括有力的笔墨描绘建筑与场景。建筑速写一般有多种表现形式。如以线条为主的速写，利于快速表现物体的形态特征；以块面为主的明暗调子速写，利于表现物体的光感、质感、立体空间感。

三、速写材料与工具

1. 绘图笔

1）石墨铅笔。绘图常用2B铅笔（用于最初的构图定位草图）。

2）针管笔。常用的型号为0.05~0.4mm。

3）钢笔。钢笔本身为金属笔尖，有多种，属于硬笔，多选用黑色墨水，易于画出流畅明快的线条、块面，是建筑速写的首选工具。

2. 速写用纸

复印纸、卡纸等。

【自主实践活动】

通过完成本任务，可以掌握基本的建筑速写方法，并了解建筑速写的基本知识。感兴趣的同学可以课后收集一些优秀的建筑速写作品进行临摹练习，从而进一步提高自身的基本绘图能力和空间加强概念。

【任务评价】

根据各小组的任务实施与完成情况，分别由学生、小组其他成员和指导教师填写自评、小组互评和教师评价，进行多维度的教学活动评定。

自评、小组互评、教师评价记录表

项目：建筑风景写生		任务：建筑速写		专业及班级：
自　评：绘制完整性	很好□	较好□	一般□	还需努力□
相似度	很高□	较高□	一般□	还需努力□
线条优美	很好□	较好□	一般□	还需努力□
态度评价：	很努力□	较努力□	一般□	还需努力□
小组互评：整体效果	优□	良□	中□	差□
教师评价：绘图质量	优□	良□	中□	差□

任务二
建筑风景色彩写生

【任务描述】

为了提高手绘表现能力，加强对建筑风景写生的理解和认识，提高美学素养和色彩表现能力，本任务要求采用水彩画的形式在规定时间内完成建筑风景写生。

【学习目标】

1）能用较好的审美眼光进行写生构图。

2）能正确表达建筑及环境的透视关系。

3）能运用水彩表达建筑和自然景物的色彩和光影关系。

4）写生训练中能区分主次，抓住重点，表达意境。

【任务实施】

一、写生前准备

1）在写生地点选择场景对象，思考确定角度、场景、构图等内容。

2）准备 A4 或 A3 水彩纸。

3）选择适合的铅笔、水彩画笔、水彩颜料等。

二、写生步骤

1）观察写生对象场景，确定构图，先在纸上用铅笔描绘其轮廓线起形，如图6-5所示。

2）按先远后近的原则先从远处画起，如天空和远景，通常使用水分比较法，使颜色在衔接过程中呈现自然效果。绘画过程中要注意画面的冷暖关系、虚实变化，以及干湿画法的运用，如图6-6所示。

3）对画面的整体色彩关系进行调整，有意识地强调画面的气氛和主题，如图6-7所示。

图 6-5　确定构图

图 6-6　画远景

图 6-7 调整整体色彩关系

小贴士 以上是建筑风景写生的基础步骤方法，大家可以根据自己对场景对象的理解，用适合自己的表达方式进行多种多样的写生尝试和表达。

4）对画面细部进行刻画与调整，完成画作，如图 6-8 所示。

图 6-8 刻画与调整画面细部

【知识链接】

一、建筑风景写生的概念

建筑风景写生主要是面对建筑风景进行水彩画创作的过程，也是认识建筑和自然的最佳途径。在写生的过程中，可以提炼、概括建筑与风景的关系、形态，并用水彩画特有的绘画技法表达它们，并融入自己对建筑风景的感悟和理解。

二、建筑风景写生的特点

建筑风景写生需要走出室内，走向建筑和自然，将现实生活的客观场景作为表现主观感悟的依据，进行有意识的抽象概括。写生赋予作品生命，体现了作者的自身感受和艺术语言，对设计师来说尤为重要，因此在我国有一批优秀的建筑师同时也是卓越的水彩画家。

三、写生材料与工具

1. 写生用笔和颜料

铅笔、水彩颜料、水彩画笔或毛笔。

2. 写生用纸

水彩纸。

【自主实践活动】

通过完成本任务，可以掌握基本的建筑风景写生方法，并了解建筑风景写生的基本知识。感兴趣的同学可以课后收集一些优秀的建筑风景写生作品进行临摹练习，从而进一步提高自身的基本绘图能力和色彩感知能力。

【任务评价】

根据各小组的任务实施与完成情况，分别由学生、小组其他成员和指导教师填写自评、小组互评和教师评价，进行多维度的教学活动评定。

自评、小组互评、教师评价记录表

项目：建筑风景写生　　　　　　　　任务：建筑风景色彩写生　　　　　　专业及班级：_____

自　评：绘制完整性	很好□	较好□	一般□	还需努力□
相似度	很高□	较高□	一般□	还需努力□
线条优美	很好□	较好□	一般□	还需努力□
态度评价：	很努力□	较努力□	一般□	还需努力□
小组互评：整体效果	优□	良□	中□	差□
教师评价：绘图质量	优□	良□	中□	差□

【学生作品点评】

江南水乡古镇一直是建筑装饰专业写生练习的优先选择场所。图 6-9 ~ 图 6-20 是一些采用不同方式表现的优秀学生作品，从中可以提炼一些表达要点，并进行临摹和借鉴。

图 6-9　建筑速写 1

点评：本作品绘制在普通的复印纸上，是建筑和水景的钢笔速写，采用钢笔线条结合明暗表现，黑白灰处理到位，细节刻画到位。

图 6-10　建筑速写 2

点评：本作品绘制在普通的复印纸上，是建筑和水景的钢笔速写，采用钢笔线条结合明暗表现，线条流畅，虚实处理到位。

图 6-11 建筑速写 3

点评：本作品绘制在普通的复印纸上，是建筑和水景的钢笔速写，采用钢笔线条结合明暗表现，构图完整，黑白灰处理较好。

图 6-12 建筑速写 4

点评：本作品绘制在普通的复印纸上，是建筑和水景的钢笔速写，采用钢笔线条结合明暗表现，线条连贯流畅，虚实处理到位。

图 6-13　建筑速写 5

点评：本作品绘制在普通的复印纸上，是建筑和水景的钢笔速写，采用钢笔轮廓线白描表现，线条连贯流畅。

图 6-14　建筑速写 6

点评：本作品绘制在普通的复印纸上，是小商铺的外立面钢笔速写，采用钢笔轮廓线白描表现，线条连贯流畅。

图 6-15　建筑速写 7

点评：本作品绘制在普通的复印纸上，是小商铺的外立面钢笔速写，采用钢笔线条排线明暗表现，构图完整，黑白灰处理较好。

图 6-16　建筑速写 8

点评：本作品绘制在普通的复印纸上，是小商铺的外立面钢笔速写，采用钢笔线条结合明暗表现，构图完整，细节刻画到位。

图 6-17　水景速写 1

点评：本作品绘制在普通的复印纸上，是水景钢笔速写，采用钢笔线条结合明暗表现，构图完整，空间层次处理较好。

图 6-18　水景速写 2

点评：本作品绘制在普通的复印纸上，是水景局部钢笔速写，采用钢笔线条排线明暗表现，线条表现轻松，画面虚实处理到位。

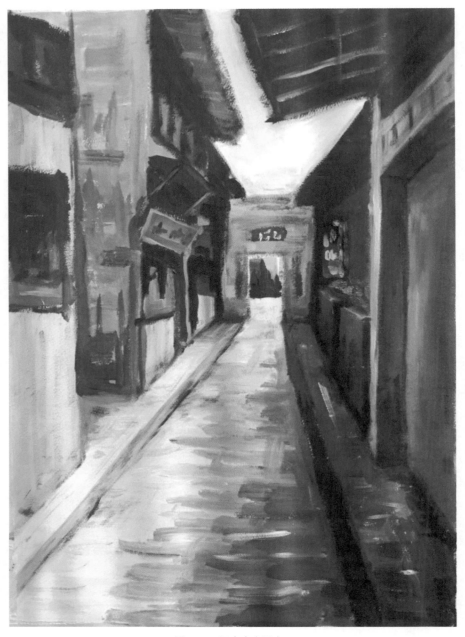

图 6-19　江南水乡写生 1

　　点评：本作品为江南水乡写生作业，古镇小巷色彩表现采用水粉表现技法，色调统一，画面空间前后层次强。

图 6-20　江南水乡写生 2

点评：本作品为江南水乡写生作业，古镇小巷色彩表现采用水粉表现技法，色调统一，画面光影效果强。

项目七
计算机效果图表现

【项目概述】

计算机效果图已经成为商业化设计表现的主流。随着三维软件和一些渲染插件的升级，计算机效果图所表现的场景、材质、灯光已经达到与现实难以区分的程度，细节丰富，画面生动。本项目主要训练如何使用 SketchUp 软件表现设计方案，并快速进行空间建模辅助设计活动。

在使用 SketchUp 软件制作之前，我们应首先完成对空间的设计和构想。

【素养目标】

通过学习使用 Sketch Up 软件表现设计方案，让学生了解设计辅助表达方式，培养设计的社会责任感及服务于大众的设计服务意识。

任务一
用 SketchUp 绘制卧室效果图

【任务描述】

根据所给卧室平面图 DWG 文件，以项目五所绘制的卧室综合着色效果图（图 5-20）作为参考，使用 SketchUp 软件快速绘制单色卧室室内三维场景。

【学习目标】

1）能够将 Auto CAD 软件绘制的 DWG 文件成功导入 SketchUp 中作为建模依据。

2）能够了解和熟悉 SketchUp 软件的操作面板及相关操作。

3）能够使用 SketchUp 软件的常用命令制作简单的三维模型。

4）能够在 SketchUp 软件中设置场景相机。

【任务实施】

一、绘图前准备

1）在 Auto CAD 软件中选择要建模的平面图形，对图形执行"分解（X）"命令，将图形整理到一个图层中，避免导入后图层过多。

2）熟悉项目五所绘制的卧室综合着色效果图（图 5-20），了解相关家具。一般家具尺寸参考：床 1800mm×2000mm×440mm、床头柜 500mm×500mm×500mm、电视柜 1400mm×400mm×450mm、梳妆台 1100mm×500mm×750mm、梳妆凳 400mm×400mm×430mm 等。

提示：SketchUp 软件绘制的模型一般较为精确，绘制的每一条线段都有尺寸。在绘制时，系统会进行捕捉或要求用户输入一定的尺寸。

二、运用 SketchUp 软件绘制卧室效果图

卧室效果绘制 1
——建筑结构建模

1）设置 SketchUp 软件中的绘图单位。在 SketchUp 软件中绘制效果图，必须首先对软件的图形单位进行设置。

① 打开 SketchUp 软件，单击"窗口"→"模型信息"，在弹出的"模型信息"对话框中选择"单位"选项卡。

② 在"单位"选项卡中设置格式、精确度等，如图 7-1 所示。

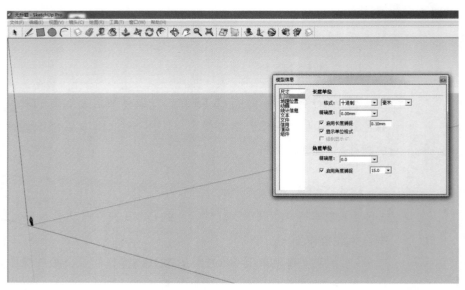

图 7-1　设置格式、精确度

2）导入卧室平面图 DWG 文件到 SketchUp 软件中。将 AutoCAD 中制作好的 DWG 文件导入 SketchUp 软件中，作为建模参考，保证建模尺寸的精确性。

单击"文件"→"导入"，在弹出的"打开"对话框中选择保存好的卧室平面图 DWG 文件，如图 7-2 所示。

3）绘制墙体。一般使用"L（线段）"命令来创建墙体。SketchUp 中的"线段"命令可以自动捕捉到导入的 DWG 文件中墙体线段的端点，很方便地完成墙体的绘制。

① 使用"L（线段）"命令捕捉 DWG 文件中的墙体线端点，完成墙体平面的绘制，但所绘制的墙体线段图形必须闭合，否则无法形成面，如图 7-3 所示。

② 激活"P（推拉）"命令，单击墙体面，对墙体平面进行推拉。在绘图区右下角的数值栏输入墙体高度"3000"，然后回车即完成建模，如图 7-4 所示。

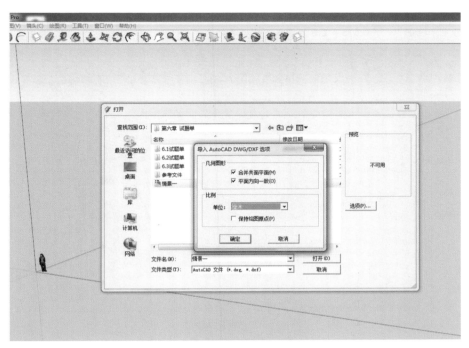

图 7-2　导入卧室平面图 DWG 文件

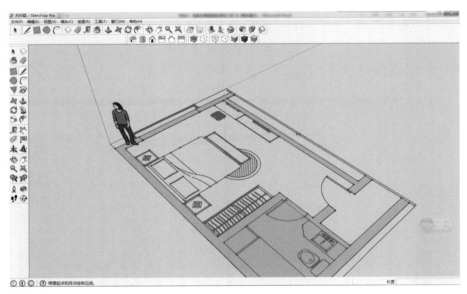

图 7-3　绘制墙体平面

提示： 推拉其他同样高度的墙体时，不用再次输入数据，只要在"推拉"命令激活状态下移动鼠标去自动捕捉已经建好的墙体顶部线段，再单击鼠标左键即可完成建模。

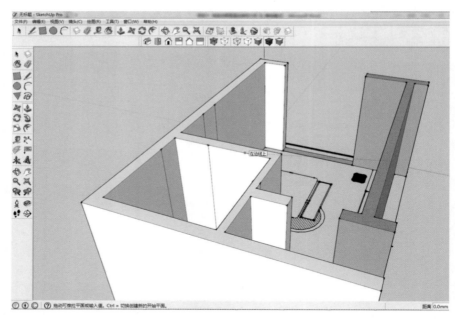

图 7-4　搭建墙体模型

4）绘制飘窗

① 使用"T（卷尺）"命令绘制飘窗台平面轮廓参考线，然后使用"L（线条）"命令沿着参考线绘制线段，再使用"P（推拉）"命令绘制飘窗台。

② 使用"L（线条）"命令绘制玻璃窗的玻璃分割，然后使用"P（推拉）"命令将玻璃与窗框的距离关系推出来，完成后如图 7-5 所示。

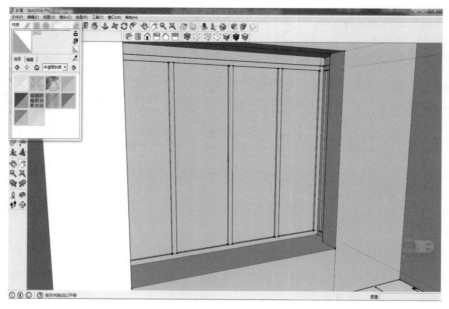

图 7-5　绘制飘窗

5）绘制家具。通常使用"L（线条）""R（矩形）""P（推拉）""T（卷尺）"等绘图命令完成一般家具的绘制。家具绘制步骤较为繁琐，且可以采用外部模型导入的方式完成，不是本次任务讲解的重点，感兴趣的读者可参考本任务【知识链接】。绘制完成后成组，如图7-6所示。

卧室效果图绘制2
——添加家具及场景

图 7-6　绘制家具

6）绘制吊顶。使用"L（直线）""R（矩形）""P（推/拉）"命令，根据吊顶造型进行绘制。绘制吊顶时要确保墙体部分已经成组，否则系统会自动将绘制的吊顶同墙体连成一体，不便于后面的选择、修改和隐藏等操作。成组的具体操作步骤见本任务【知识链接】。完成后如图7-7所示。

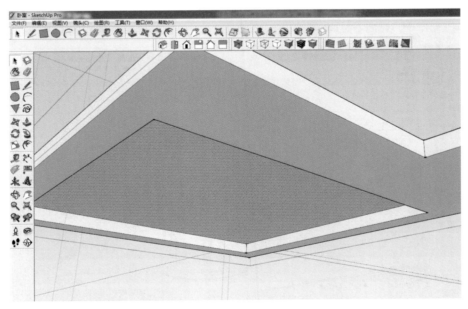

图 7-7　绘制吊顶

提示： 在绘制过程中，可以隐藏不需要的物体，方便观察和操作，绘制完成后可以取消隐藏。

7）绘制软装饰。这里主要绘制的软装饰包括窗帘、电视机、挂画、地毯、台灯、吊灯六件，对于绿色植物则一般较少绘制，多采用成品导入，因为植物的绘制较为繁琐，不是该软件的优势，需要使用插件，这里就不再讲述。模型绘制完成后如图7-8所示。

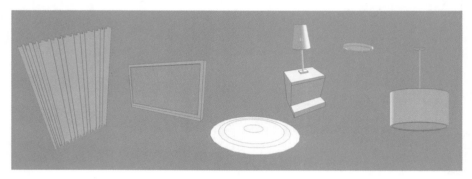

图7-8 绘制软装饰

8）添加场景

① 隐藏吊顶，按住鼠标滚轮，调整观察视图。

② 使用"H（平移）"和"Z（缩放）"命令对视图进行调整，直至调到满意的角度和视野为止。

③ 单击菜单命令中"视图"→"动画"→"添加场景"即可完成场景的添加，如图7-9所示。

图7-9 添加场景

提示：若在调整过程中，部分模型或面片挡住了相机的视线，而这些模型或面片又不是我们想要出现在画面中的，则可以对其进行隐藏，同时需要在"视图"→"边线样式"调整显示的样式。

9）设置出图。单击"文件"→"导出"→"二维图形"，在弹出的"输出二维图形"对话框中对文件的保存位置、文件名、图像类型进行设置。单击"输出"按钮，系统即可对图像进行自动输出，如图 7-10 所示。

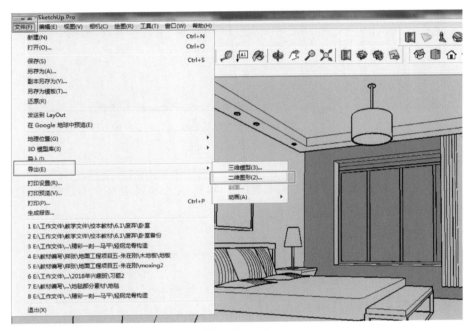

图 7-10　出图

提示：激活"二维图形"命令后，在弹出的"输出二维图形"对话框中单击"选项"，可以对输出效果图片的像素大小进行设置，参数越大图片越清晰。

【知识链接】

一、SketchUp 简介

SketchUp 全称" Google SketchUp"，是一款简单的 3D 设计软件。如同我们使用铅笔在图纸上画图一般，软件会自动识别绘制的线条，并能够进行捕捉。它的建模原理简单，就是画线成面，再挤压成型，便可创建所需的三维模型，操作简单，容易上手，深受设计人员的喜爱。

二、SketchUp 界面

SketchUp 界面如图 7-11 所示。

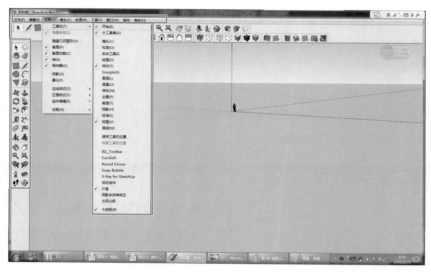

图 7-11 SketchUp 界面

三、常用建模插件

SketchUp 软件自身的建模工具非常少，具有很大的局限性，但是安装插件后便可轻松制作各种模型。常用插件如下：

- CleanUp（新模型清理）
- ExtrudeTools（曲面放样工具包）
- Curviloft（Loft by Spline）（曲线放样）
- SketchyFFD（自由变形）
- SectionCutFace（剖面填充）
- Solid Inspector（实体检测）
- RealSection（真实剖切）
- Joint Push Pull（联合推拉）
- Edge Tools（边界工具）
- RoundCorner（三维倒角）
- SoapSkinBubbleTool（起泡泡插件）
- UV Toolkit（贴图坐标调整）
- UVprojection（UV 投影）
- BezierSpline（贝兹曲线）
- Tools on Surface（曲面绘图工具）
- FerrariSketch（法拉利曲面拉膜）
- Lattice Maker（新网格化工具）
- SCF（工具集）

四、家具绘制步骤

1. 床的绘制

（1）绘制床体　使用"R（矩形）"命令绘制床的平面，常规尺寸为 1800mm ×
2000mm，然后使用"P（推拉）"命令将床体的高度推出来，这里将床体的高度值设
置为 250mm，完成后如图 7-12 所示。

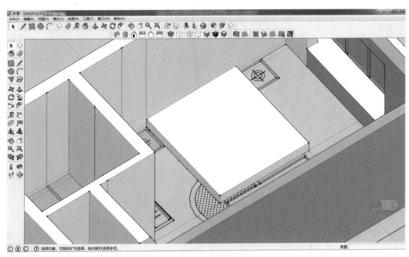

图 7-12　绘制床体

（2）绘制床头靠背　使用"R（矩形）"命令绘制靠背平面，尺寸为 60mm ×
2000mm，然后使用"P（推拉）"命令将床体的高度推出来，这里将高度值设置为
1250mm。然后使用"T（卷尺）"和"L（线条）"命令给靠背绘制细节，完成后如
图 7-13 所示。

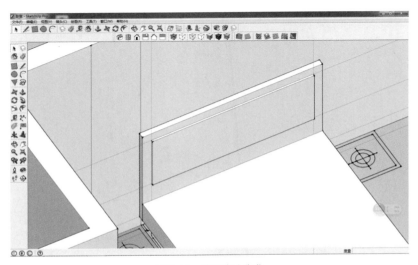

图 7-13　绘制床头靠背

（3）绘制床垫 使用"R（矩形）"命令绘制床垫平面，尺寸为 1800mm× 2000mm，然后使用"A（圆弧）"命令对床垫四角倒圆角，侧边值为 80mm，凸出值为 25mm，再使用"P（推拉）"命令将床体的高度推出来。这里将高度值设置为 200mm，完成后如图 7-14 所示。

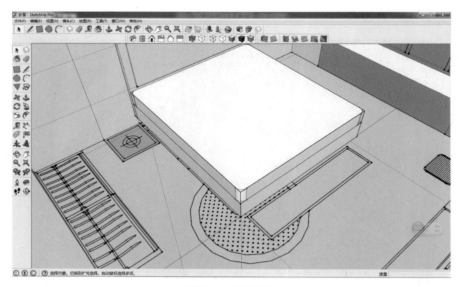

图 7-14　绘制床垫

（4）绘制枕头 使用"A（圆弧）"命令绘制枕头截面，长度值为 400mm，凸出值为 110mm，再使用"P（推拉）"命令将枕头长度推出来。这里将长度值设置为 500mm，在推拉时按"Ctrl"使用复制功能，完成后如图 7-15 所示。

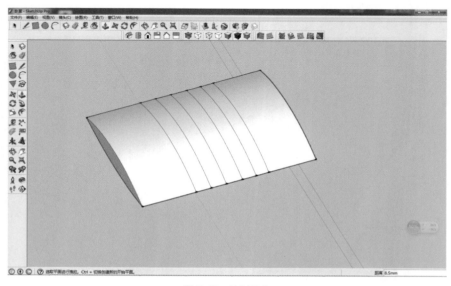

图 7-15　绘制枕头

（5）创建组 将前面绘制的床的部件全部选中，单击"编辑"→"创建组"即可成组。完成后如图 7-16 所示。

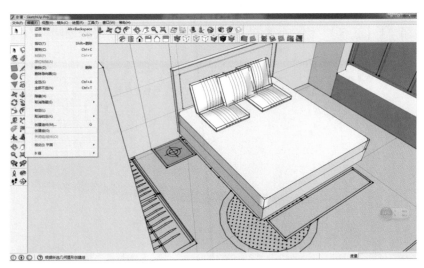

图 7-16 成组

提示： 在 SketchUp 软件中，通常都会对单个部件进行成组或成组件操作，方便物体的选择、移动、复制及修改等，十分方便。

2. 床头柜的绘制

① 使用"R（矩形）"命令在右视图绘制床头柜的侧面，常规尺寸为 450mm×500mm，然后用"L（线条）"绘制细节。

② 使用"P（推拉）"命令拉出床头柜的宽度，宽度值设为 500mm，完成后如图 7-17 所示。

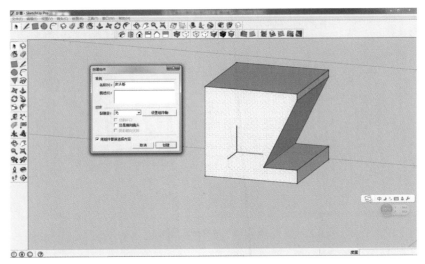

图 7-17 绘制床头柜

3. 床尾凳的绘制

① 使用"R（矩形）"命令，根据平面图纸绘制床尾凳平面，使用"P（推拉）"命令拉出床尾凳的高度 400mm。

② 使用"L（线条）"命令绘制凳子腿、挡板等细节，完成后如图 7-18 所示。

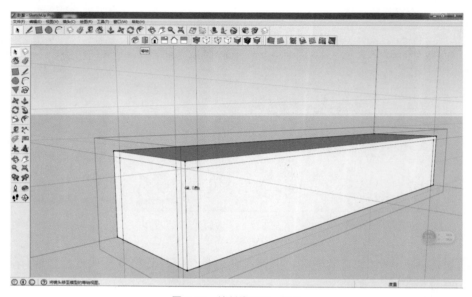

图 7-18　绘制凳子腿、挡板

③ 使用"P（推拉）"命令推拉出凳子腿，完成后如图 7-19 所示。

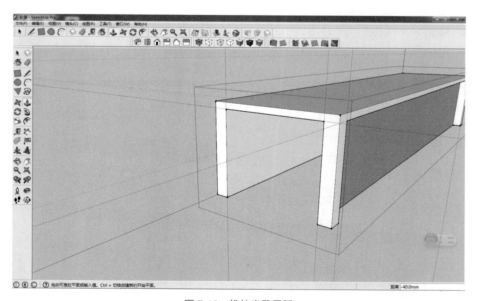

图 7-19　推拉出凳子腿

④ 使用"F（偏移）"命令绘制凳子面上的软包平面，完成后使用"P（推拉）"命令将软包厚度推拉出来，如图 7-20 所示。

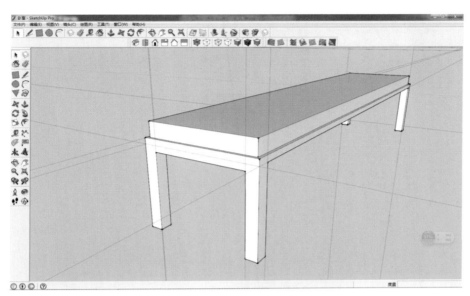

图 7-20　推拉出软包厚度

4. 电视柜的绘制

① 使用"R（矩形）"命令，根据平面图纸绘制电视柜平面，使用"P（推拉）"命令拉出高度，值为 250mm。

② 使用"F（偏移）"命令绘制正面轮廓线，偏移值为 40mm，如图 7-21 所示。

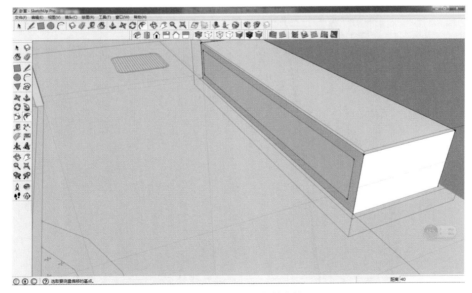

图 7-21　绘制电视柜轮廓线

③ 选择图中的面，使用"P（推拉）"命令将面往内部推移，推移值为 380mm，如图 7-22 所示。

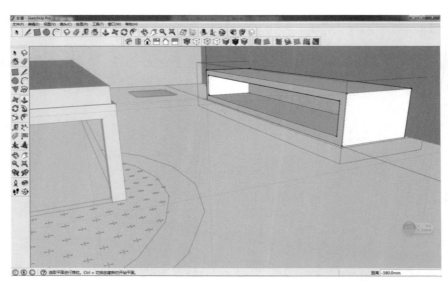

图 7-22　将面往内部推移

5. 梳妆台的绘制

① 使用"R（矩形）"命令，根据平面图纸绘制梳妆台平面，使用"P（推拉）"命令拉出高度，值为 250mm，柜体制作完成。

② 使用"T（卷尺）"命令绘制辅助线，偏移值为 40mm，使用"L（线条）"绘制正面轮廓线，抽屉高度 120mm，完成后如图 7-23 所示。

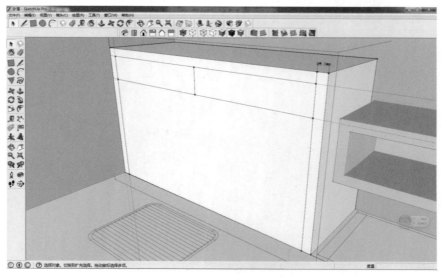

图 7-23　绘制梳妆台轮廓线

③ 选择图中的面，使用"P（推拉）"命令将面往内部推移，捕捉图中的点即可删除该面，如图 7-24 所示。

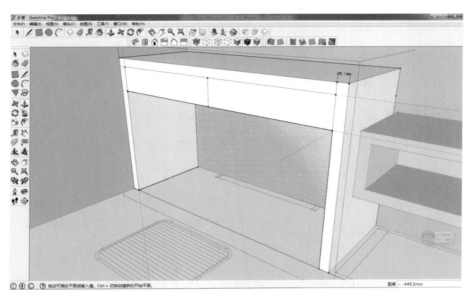

图 7-24　将面往内部推移

6. 梳妆凳的绘制

梳妆凳的绘制方法同床尾凳，不再赘述。梳妆凳尺寸为 400mm × 400mm × 430mm，完成后如图 7-25 所示。

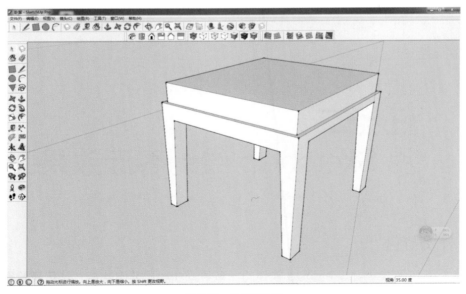

图 7-25　绘制梳妆凳

【自主实践活动】

通过完成本任务，可以逐步熟悉 SketchUp 建模软件，学习 SketchUp 软件的基本操作和使用，感兴趣的同学可以课后找一些专业的 SketchUp 书籍和网络视频教程进行深化学习，并对一些常用的材质贴图进行收集，便于以后渲染的时候使用。

【任务评价】

根据各小组的任务实施与完成情况，分别由学生、小组其他成员和指导教师填写自评、小组互评和教师评价，进行多维度的教学活动评定。

自评、小组互评、教师评价记录表

项目：计算机效果图表现		任务：卧室效果图绘制		专业及班级：
自　　评：绘制完整性	很好□	较好□	一般□	还需努力□
软件掌握情况	很好□	较好□	一般□	还需努力□
绘制熟练程度	很好□	较好□	一般□	还需努力□
个人接受能力	很好□	较好□	一般□	还需努力□
态度评价：	很努力□	较努力□	一般□	还需努力□
小组互评：整体效果	优□	良□	中□	差□
教师评价：绘图质量	优□	良□	中□	差□

任务二
用 SketchUp 绘制客厅效果图

【任务描述】

本任务将深入学习 SketchUp 软件的模型导入和材质贴图功能，使用所给客厅平面 JPG 图片和客厅综合着色效果图（见图7-26）作为参考，进行空间建模，导入网络中成品的高级模型，并对模型进行高级材质贴图。

图 7-26 客厅综合着色效果图

【学习目标】

1）能够将 JPG 平面文件导入 SketchUp 软件中，并进行处理，作为建模依据。

2）能够制作场景模型，并能导入和修改成品模型。

3）能够使用贴图设置场景材质。

【任务实施】

一、绘图前准备

1）准备一张客厅平面 JPG 图片。

2）熟悉客厅综合着色效果图。

3）根据效果图需要在相关网站上下载需要的成品模型（如沙发组合、电视柜、台灯、吊灯、单人沙发、植物等）。

二、运用 SketchUp 软件绘制客厅效果图

1. 导入客厅平面 JPG 图像作为绘图参考

打开 SketchUp 软件，单击"文件"→"导入"，在弹出的"打开"对话框中选择文件，并勾选右边的"用作图像"，单击"打开"按钮，然后拖拉图像放大。单击鼠标左键确认，完成图像的导入，如图 7-27 所示。

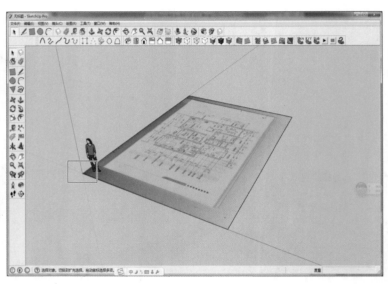

图7-27 导入客厅平面JPG图片

2. 调整JPG图像尺寸

导入的平面图像和实际是不吻合的，要对图片进行矫正，具体操作如下：

使用"T（卷尺）"命令对图片中的轴线B和轴线C进行测量，在绘图区右下角的数值框中显示了测量的数值"441.2mm"。按"Backspace"键删除数值，输入实际尺寸值1200mm，会弹出对话框，单击"是"完成调整，如图7-28所示。

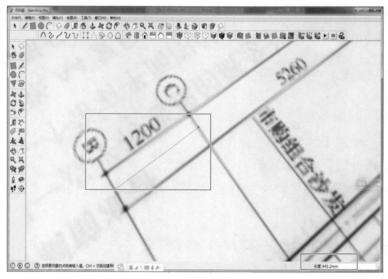

图7-28 平面图

3. 绘制参考线

为平面图中的墙体绘制参考线，有利于建模时准确捕捉，具体操作如下：

激活"T（卷尺）"命令，单击整个图片的边缘，然后会出现参考的虚线。往下移动光标，到墙体位置后再次单击完成，如图 7-29 所示。

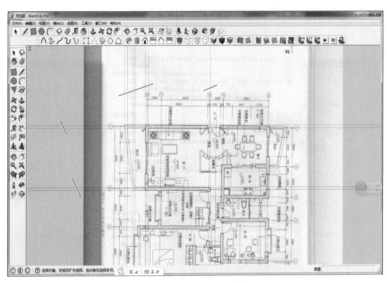

图 7-29　绘制参考线

4. 绘制墙体

　　① 使用"L（线条）"命令沿着参考线绘制墙体线，使用"P（推拉）"命令将墙体高度推出，这里墙高定为 2700mm，阳台护栏高度定为 1000mm。

　　② 绘制阳台门洞。先使用"L（线条）"命令在墙体立面画出门洞，门洞高度定为 2100mm，然后使用"P（推拉）"命令将门洞推出，完成后如图 7-30 所示。

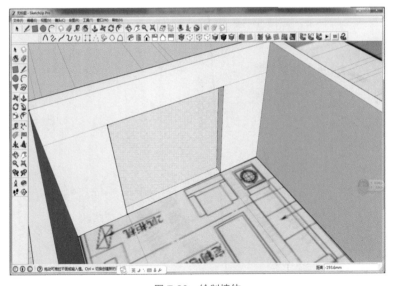

图 7-30　绘制墙体

5. 绘制墙面细节

① 绘制电视背景。根据图 7-26 中电视背景墙和沙发背景墙的设计，选择背景墙的上边线，右击鼠标选择"拆分"命令，数值栏中输入"5"，按回车键结束，即可对所选线段进行五等分，如图 7-31 所示。

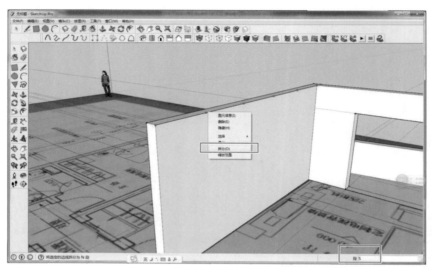

图 7-31　对背景墙竖向进行五等分

② 绘制背景墙立面造型线。使用"L（直线）"命令，配合上一个步骤等分的端点进行画线。选择画好的线，使用"Ctrl+M"组合键对其进行复制，在数值栏中可输入"10"，即为复制线与原始线的距离。删除多余的线，对造型面使用"P（推/拉）"命令，深度设为 10，即可完成电视背景墙的绘制，如图 7-32 所示。

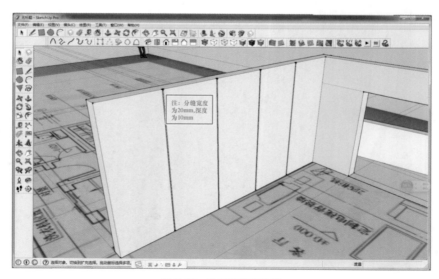

图 7-32　绘制电视背景墙

沙发背景墙的绘制方法与电视背景墙一致。将墙面四等分，分隔条推进深度设为20，完成后如图 7-33 所示。

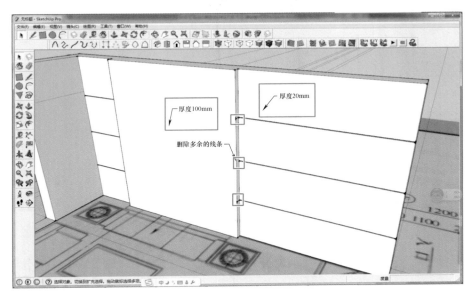

图 7-33 绘制沙发背景墙

③ 绘制门套。选择阳台门洞的边线，使用"Ctrl+M"组合键对其进行复制，在数值中可输入"60"，即为门套宽度，完成后如图 7-34 所示。

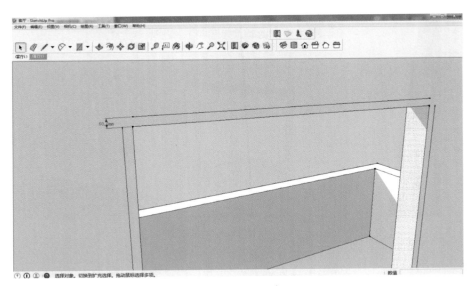

图 7-34 绘制门套

使用"L（直线）"命令，闭合复制的线，再使用"P（推 / 拉）"命令推出厚度15。这里为了显示清楚，给定了颜色（后面会学到材质），完成后如图 7-35 所示。

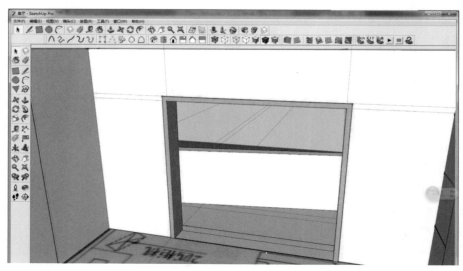

图 7-35 给门套加颜色

④ 绘制门扇。根据平面图纸，此门为双开移门，单扇移门尺寸为 1100mm×2040mm。使用"R（矩形）"命令绘制门扇形状，再使用"P（推/拉）"命令推出厚度 40，完成后如图 7-36 所示。

图 7-36 绘制门扇形状并加厚度

为门扇添加细节。选择门扇正面面片，使用"F（偏移）"命令绘制门扇边梃，宽度设为 40，然后进行边线等分和复制，完成后如图 7-37 所示。

使用"P（推/拉）"命令对等分块面进行推拉，完成内嵌玻璃的单面绘制。门扇反面的操作也同此。对门扇进行复制、成组，完成后如图 7-38 所示。

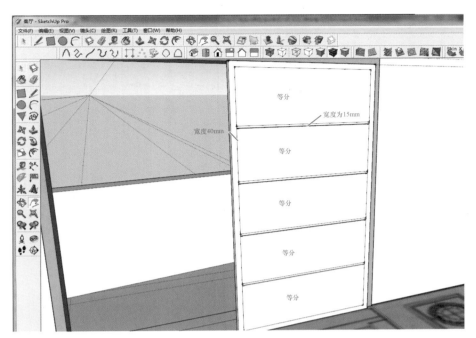

图 7-37 为门扇添加细节

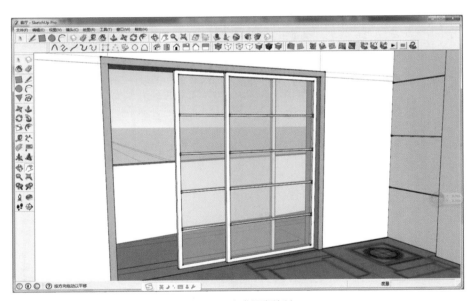

图 7-38 完成门扇绘制

6. 绘制地面和顶面

① 绘制地面。通过菜单命令"相机"→"标准视图"→"顶视图",切换至顶视图,再使用"R(矩形)"命令绘制地面形状,对其进行成组操作,完成后如图 7-39 所示。

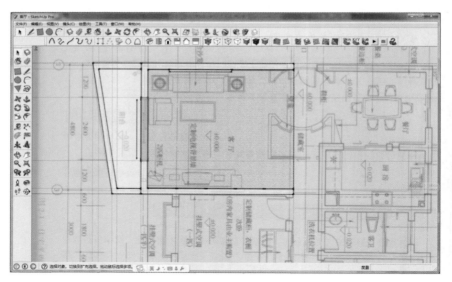

图 7-39　绘制地面

　　② 绘制顶面。复制地面模型，使用"M（移动）"命令移动至顶面位置，依据顶面造型结构对其模型进行修改，如图 7-40 所示。

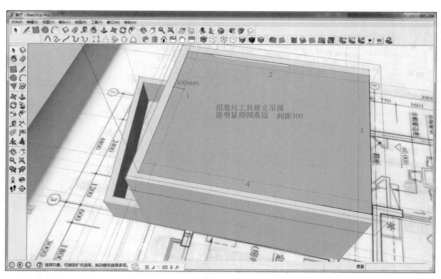

图 7-40　复制地面模型并修改

　　使用"T（卷尺）"命令绘制好辅助线，内圈吊顶宽度为 300mm。然后捕捉参考线，使用"R（矩形）"命令绘制矩形。最后使用"P（推 / 拉）"命令向下推出厚度，值为 160，完成后如图 7-41 所示。

　　③ 绘制筒灯。使用"C（圆）"和"P（推 / 拉）"命令绘制单只筒灯，完成后如图 7-42 所示。

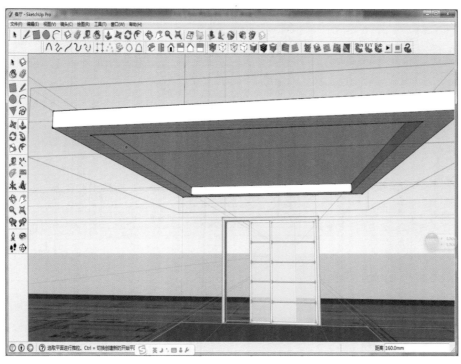

图 7-41　完成顶面绘制

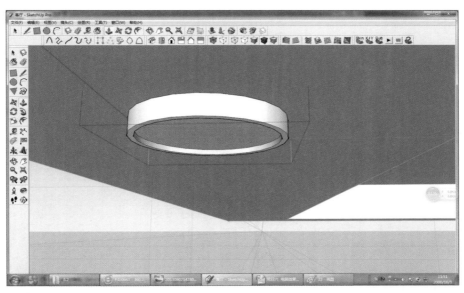

图 7-42　绘制单只筒灯

　　完成单只筒灯后切换至顶视图，选择筒灯，使用"Ctrl+M"组合键将筒灯复制出来，移动到适当的位置，或输入数值来精确移动距离，完成后如图 7-43 所示。

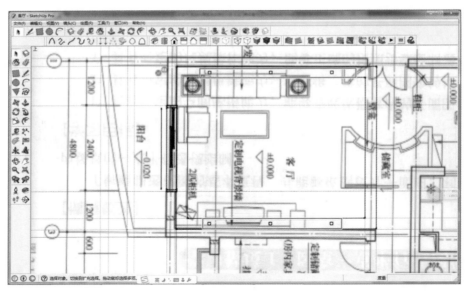

图 7-43　复制筒灯

7. 导入成品模型

方法 1：打开模型所在的文件夹，将模型直接拖拽到 SketchUp 软件的绘图区，然后松开鼠标左键即可完成导入。

方法 2：单击"文件"→"导入"，弹出"打开"对话框，操作如图 7-44 所示。

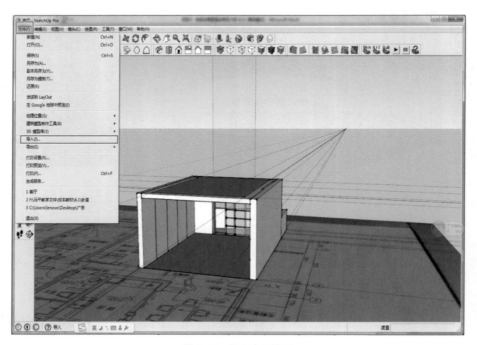

图 7-44　导入成品模型

8. 缩放模型

按照上述方式导入成品模型后，会发现有些模型尺寸过大，有些模型尺寸过小，因此需要对模型进行缩放调整，方法如下：

选中模型，激活"S（缩放）"命令，模型会进入缩放状态，如图 7-45 所示。调节不同的控制绿点，可以对模型的长、宽、高进行调节。

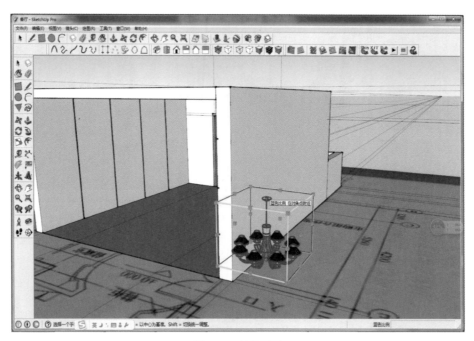

图 7-45 缩放模型

提示： 在实际操作中我们会使用"T（卷尺）"命令来辅助，较为准确地进行缩放。使用上述的方法，将空间中所需的成品模型进行导入和调整，完成后如图 7-46 所示。

9. 添加材质

只有为模型添加贴图后才能更真实地表现模型的材质和色彩，也使得空间更贴合现实，现以场景中的地毯材质添加作为例子进行讲解。

① 使用"B（材质）"命令打开"材质"面板，在"编辑"选项卡中有三项属性：颜色、纹理、透明度。其中"颜色"属性用于对贴图颜色进行调节，"纹理"属性用于添加贴图纹理，"透明度"属性用于对物体的透明度进行调节。

② 勾选"纹理"属性中的"使用纹理图像"，系统会自动弹出"选择图像"对话框。添加贴图文件，设置如图 7-47 所示。

③ 设置纹理大小。添加纹理后将材质指定给地毯，如图 7-48 所示。贴图的大小和位置均不正确，调整图中红色框中的数值，可以大致调整贴图的尺寸，并可以实时预览。

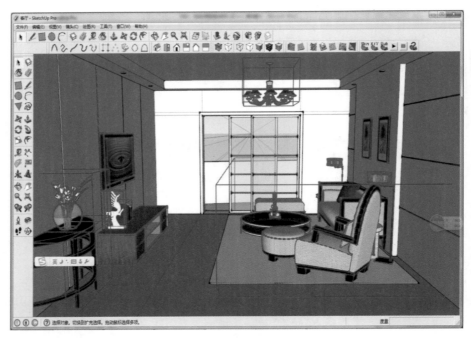

图 7-46　调整后的模型

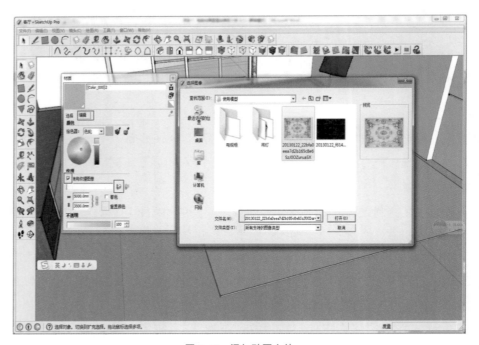

图 7-47　添加贴图文件

④ 细微调整纹理贴图。选择添加纹理的模型面片，右击鼠标，弹出快捷选项，选择 "纹理" → "位置"，如图 7-49 所示。

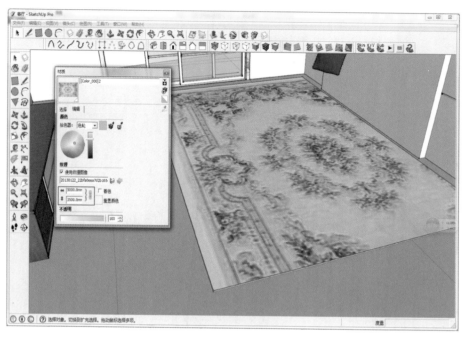

图 7-48　将材质指定给地毯

图 7-49　细微调整纹理贴图

⑤ 系统自动进入材质位置调整状态，如图 7-50 所示。有 4 个图标可以用来调整。图标 1 可以移动贴图在面上显示的位置，图标 2 可以使贴图沿轴向缩小和改变贴

图排列方向，图标 3 可以旋转贴图和等比例缩小贴图，图标 4 可以对贴图的一段进行放大和缩小。调整好的贴图如 7-51 所示。

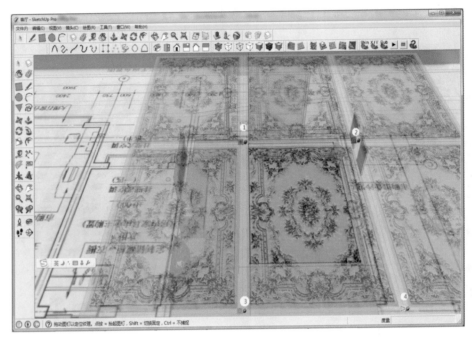

图 7-50　调整贴图

图 7-51　调整后的贴图

⑥ 调整好贴图以后，单击鼠标右键选择"完成"即可结束编辑，也可以单击绘图区空白处结束编辑。

提示： 其他模型面的贴图操作同上。当一块贴图面材质的坐标和大小调整完成后，对相同的材质面，可以使用材质器中的"材质吸管"吸取此材质直接用于其他面，无须重复调整。

10. 添加场景

材质添加完成后，整个场景的效果即可表现出来，如图 7-52 所示。按照本项目任务一中相机设置的方法，为场景添加相机。通过主菜单命令栏"窗口"→"场景"，可以打开场景的控制面板，对场景的属性等信息进行设置。

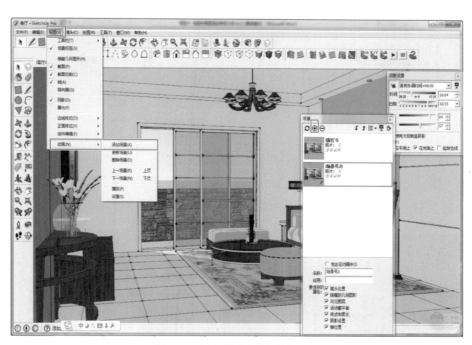

图 7-52　添加材质后的场景效果图

11. 设置出图

在上述操作都完成后，就可以出图了。可以将图像保存为二维效果图，也可以将图像文件导出三维模型，然后再导入其他软件（如 3ds Max）进行再处理。具体操作如下：

① 单击"客厅 1"镜头，执行"文件"→"导出"→"二维图形"菜单命令，在弹出的"输出二维图形"对话框中对文件的保存位置、文件名、图像类型进行设置，然后单击"输出"按钮，系统即可对图像进行自动输出，如图 7-53 所示。

图 7-53 "客厅 1"镜头效果图

② 单击"客厅 2"镜头，执行"文件"→"导出"→"二维图形"菜单命令，在弹出的"输出二维图形"对话框中，对文件的保存位置、文件名、图像类型进行设置，然后单击"输出"按钮，系统即可对图像进行自动输出，如图 7-54 所示。

图 7-54 "客厅 2"镜头效果图

【知识链接】

一、绘图参考

在 SketchUp 软件中也可以使用 JPG 图片作为绘图参考进行建模和表现，这是非常实用的。我们常常可以从售楼中心获取户型图，然后使用 SketchUp 软件进行空间设计，还可以对现有场景照片，用 SketchUp 软件进行"照片匹配"，模拟现实场景，对室内局部翻新及设计进行效果预览。

二、阴影设置

SketchUp 软件中有非常强大的太阳光和阴影系统，执行"窗口"→"阴影"命令即可打开"阴影设置"面板，如图 7-55。通过调节图中的参数便可以精确地定位某个时间某个地点的太阳光。

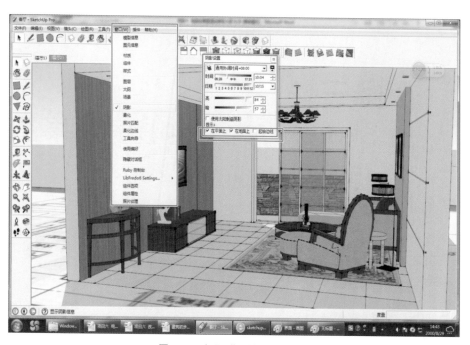

图 7-55　打开"阴影设置"面板

【自主实践活动】

通过完成本任务，可以逐步掌握 SketchUp 表现的流程和方法，熟悉 SketchUp 软件的基本操作。感兴趣的同学可以课后找一些专业的 SketchUp 书籍和网络视频教程进行深化学习，并对一些常用的材质贴图进行收集，便于以后渲染的时候使用。

【任务评价】

根据各小组的任务实施与完成情况，分别由学生、小组其他成员和指导教师填写自评、小组互评和教师评价，进行多维度的教学活动评定。

自评、小组互评、教师评价记录表

项目：计算机效果图表现　　　　　　　任务：客厅效果图绘制　　　　专业及班级：＿＿＿＿＿＿

自　评：绘制完整性	很好□	较好□	一般□	还需努力□
软件掌握情况	很好□	较好□	一般□	还需努力□
绘制熟练程度	很好□	较好□	一般□	还需努力□
个人接受能力	很好□	较好□	一般□	还需努力□
态度评价：	很努力□	较努力□	一般□	还需努力□
小组互评：整体效果	优□	良□	中□	差□
教师评价：绘图质量	优□	良□	中□	差□

任务三
用 SketchUp 绘制书房效果图

【任务描述】

本任务将学习使用一款与 SketchUp 相配合的渲染插件——V-Ray，进行书房场景的渲染表现。有了此渲染插件的配合，不仅可以使场景材质逼真多样，还可以为场景制作各种灯光模拟效果，使效果图的表现更为精致细腻。

【学习目标】

1）基本掌握 V-Ray 材质和 V-Ray 灯光的设置。

2）了解基本的渲染参数，并能够设置渲染。

绘制书房
效果图

【任务实施】

一、绘图前准备

1）安装与 SketchUp 版本相兼容的 V-Ray 插件。

2）根据效果图需要在相关网站上下载需要的成品模型（如门窗、椅子、写字台、计算机、单人沙发、植物等)。

3)根据效果图需要在相关网站上下载需要的 JPG 材质贴图。

二、绘图步骤

1. 导入书房 JPG 参照图片

使用 JPG 平面图片进行绘图参考,导入方法同上一节。然后使用"T(卷尺)"命令对平面进行尺寸调整,完成后如图 7-56 所示。

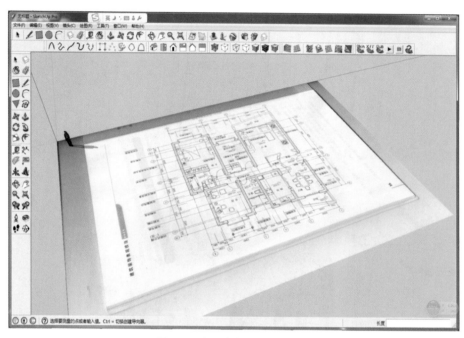

图 7-56 导入书房 JPG 参照图片

2. 场景建模

场景中的建筑构件先在 SketchUp 软件中进行建模,主要包括墙体、窗、门、地面及吊顶,家具及成品的软装部分还是采用成品模型导入方式,这样可以快速制作出场景的效果。场景建模完成后如图 7-57 所示。

3. 导入成品家具模型

将准备好的成品模型拖入 SketchUp 中,使用"S(缩放)"和"M(移动)"命令将其放置在设计的位置,如图 7-58 所示。

4. 配置 V-Ray 插件面板

安装 V-Ray For SketchUp 插件,具体安装方法参见"安装说明"。安装后会出现如图 7-59 所示的工具条,也可以通过"视图"→"工具栏"→"V-Ray For SketchUp"的途径调出 V-Ray 插件。

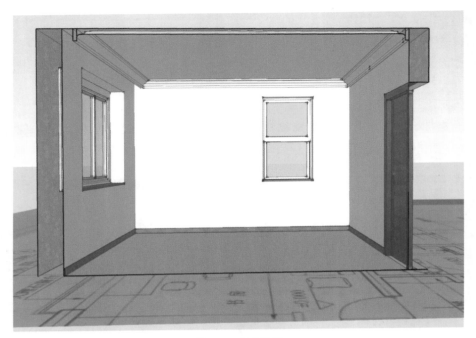

图 7-57　场景建模

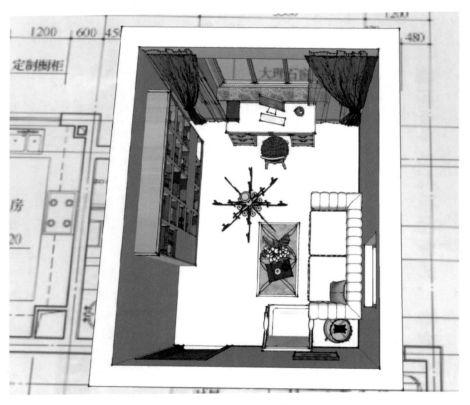

图 7-58　导入成品家具模型

图 7-59 V-Ray 工具条

工具条中各图标的功能含义为如下：

Ⓜ 表示"打开材质编辑器"，单击可打开材质编辑面板。

◈ 表示"打开材质渲染面板"，单击可打开 V-Ray 渲染参数面板，所有的渲染参数都在这里面。

Ⓡ 表示"开始渲染"，当参数设置好以后，单击可以自动渲染。

⓪ 表示"在线帮助"，单击后会连接到互联网。

◈ 表示"打开帧渲染窗口"，单击后会出现渲染过的视图窗口。

◯ 表示"点光源"，单击后可在场景中设置一个泛光灯光源。

◈ 表示"面光源"，单击后可在场景中设置一个面片光源。

▽ 表示"聚光灯"，单击后可在场景中设置一个聚光灯光源。

◈ 表示"光域网光源"，单击后可在场景中设置一个光域网光源。

◑ 表示"V-Ray 球"，单击后可在场景中设置一个 V-Ray 球灯。

✖ 表示"V-Ray 平面"，单击后可在场景中设置一个无限的平面，用作地面。

◎ 表示"访问网站"，单击可联网访问顶渲网。

5. 设置 V-Ray 材质

① 使用 SketchUp 自带的材质系统，可进行材质赋予、材质贴图大小调整，以及材质命名等操作。现以地板材质为例说明。如图 7-60 所示，使用系统自带的材质系统进行贴图，并调整贴图大小。

② 在 V-Ray 材质系统中，对地板材质进行属性编辑。打开 V-Ray 材质系统，可以找到系统自动生成的"地板"材质，右击弹出下拉框，为地板添加反射属性，在属性参数中进行如图 7-61 的调整。其中 Reflection 颜色值设置为 36、36、36，用色块来表示地板的反射强度。

💡提示：V-Ray 材质编辑器不能对模型上的贴图大小和位置进行调整，只能给材质附加反射、折射、自发光、凹凸等属性，所以必须先使用 SketchUp 自带的材质系统进行前期的贴图调整。V-Ray 材质系统可以很好地兼容 SketchUp 自带的材质系统。

③ 在 V-Ray 材质系统中，常见的材质有布料、石材、砖、自发光灯片、植物、玻璃、水、镜子、半透明材质等，材质参数各不相同，参见【知识链接】。完成后如图 7-62 所示。

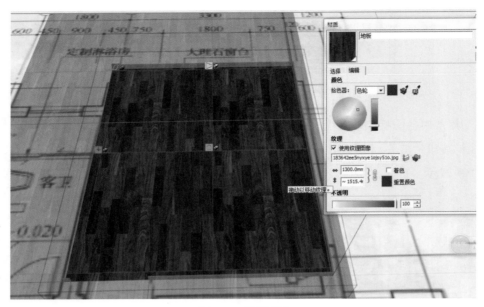

图 7-60　调整贴图

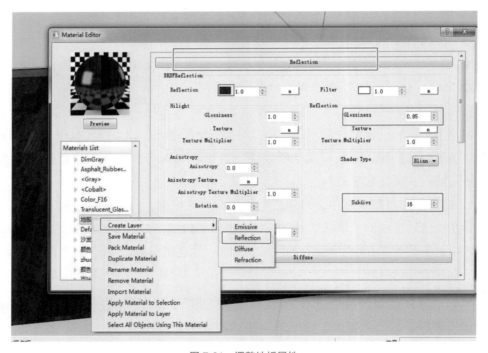

图 7-61　调整地板属性

6. 设置场景相机

打开阴影→调整视角→定位镜头→微调镜头→添加场景→修改场景信息，完成后如图 7-63 所示。

图 7-62　设置材质

图 7-63　设置场景相机

提示： 可以将部分墙体面片隐藏以后再设置相机，增加画面层次，完善构图，视角值设为 40°。

7. 场景 V-Ray 灯光

本案例主要使用 V-Ray 面光源和 V-Ray 泛光灯进行照明，灯光布置模拟真实场景，不需要特别的技巧，如图 7-64 所示。其中 1、2 面光源为模拟窗户进入的天光，3、4 面光源为体现局部家具细节的补光；红色圆球标记为点光源，均为模拟室内灯具的照明。灯光参数见【知识链接】。

图 7-64　V-Ray 场景灯光

三、渲染出图

1）前期测试。在效果图渲染的前期，为了得到更合适的灯光参数和材质参数，需要进行多次测试和调整，如图 7-65 所示。渲染效果由渲染参数和灯光参数、材质参数共同决定。

图 7-65　渲染测试

从图 7-65 可以看出，图像较模糊，线条断裂，有很多噪点，还有些黑斑，这是由于渲染参数小，这些问题都可以在后期渲染大图时来解决。

2）在前期测试基本达到我们设想的光影效果后，即可通过提高材质细分、灯光细分、渲染出图参数来得到品质高的大图，图 7-66 即为完成后的渲染图。

图 7-66　渲染图

【知识链接】

1. V-Ray 材质参数

在自然界中每一种材质都有自身的属性，如颜色、质感、反射能力、折射能力、透明度、自发光等。为了得到不同材质的真实效果，需要对材质进行深入的学习和了解。由于本书的侧重点不是软件，因此不再赘述，请参阅相关专业书籍。本案例使用的材质参数如图 7-67~ 图 7-69 所示，其他次要材质可使用默认的 SketchUp 材质。

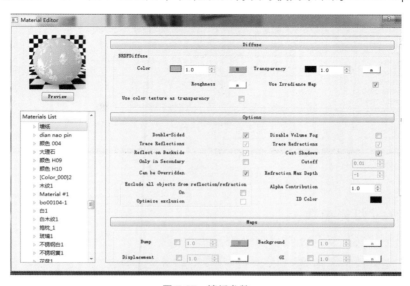

图 7-67　墙纸参数

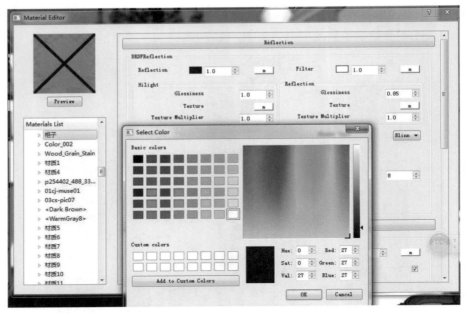

图 7-68　白色家具参数

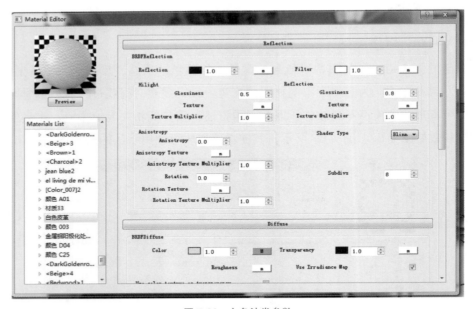

图 7-69　白色沙发参数

2. V-Ray 灯光参数

本案例主要使用 V-Ray 插件自带的 Rectangle Light 面光源和 Omni Light 点光源进行室内灯光设计，在渲染的过程中使用了环境天光照明。灯光的具体参数按图 7-70 和图 7-71 设置。

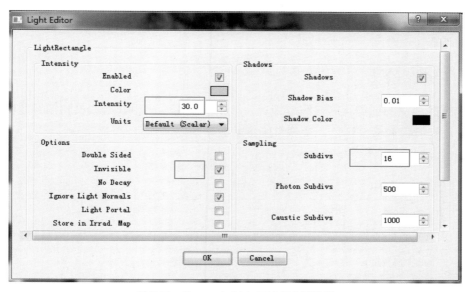

图 7-70　Rectangle Light 面光源参数设置

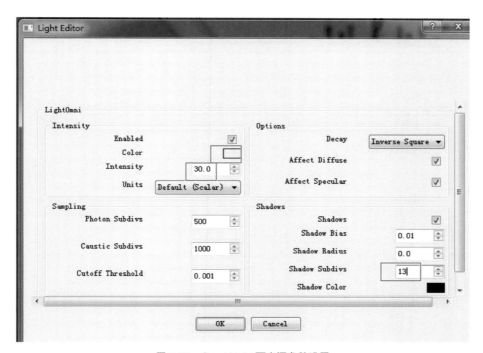

图 7-71　Omni Light 面光源参数设置

【自主实践活动】

通过完成本任务，可以初步掌握三维渲染表现的流程和方法，学习 V-Ray 渲染插件的基本操作和设置方法。感兴趣的同学可以课后找一些专业书籍和网络视频教程进行深化学习，并对一些常用材质的参数进行研究和整理，建立自己的材质参数库，便于随时调取。

【任务评价】

根据各小组的任务实施与完成情况，分别由学生、小组其他成员和指导教师填写自评、小组互评和教师评价，进行多维度的教学活动评定。

自评、小组互评、教师评价记录表

项目：计算机效果图表现　　　　　　任务：书房效果图绘制　　　　　专业及班级：＿＿＿＿＿

自　　评：绘制完整性	很好□	较好□	一般□	还需努力□
软件掌握情况	很好□	较好□	一般□	还需努力□
绘制熟练程度	很好□	较好□	一般□	还需努力□
个人接受能力	很好□	较好□	一般□	还需努力□
态度评价：	很努力□	较努力□	一般□	还需努力□
小组互评：整体效果	优□	良□	中□	差□
教师评价：绘图质量	优□	良□	中□	差□